孝里有道

朱翔非 著

中华书局
ZHONGHUA BOOK COMPANY

图书在版编目(CIP)数据

孝里有道/朱翔非著. – 北京:中华书局,2011.4
ISBN 978 – 7 – 101 – 07874 – 9

Ⅰ.中⋯　Ⅱ.朱⋯　Ⅲ.①家庭道德 – 中国 – 古代②孝经 –
研究　Ⅳ.B823.1

中国版本图书馆 CIP 数据核字(2011)第 037297 号

书　　名　孝里有道
著　　者　朱翔非
责任编辑　陈　虎
出版发行　中华书局
　　　　　(北京市丰台区太平桥西里38号　100073)
　　　　　http://www.zhbc.com.cn
　　　　　E – mail:zhbc@ zhbc.com.cn
印　　刷　北京瑞古冠中印刷厂
版　　次　2011 年 4 月北京第 1 版
　　　　　2011 年 4 月北京第 1 次印刷
规　　格　开本/700 × 1000 毫米　1/16
　　　　　印张 11　插页 2　字数 80 千字
印　　数　1 – 20000 册
国际书号　ISBN 978 – 7 – 101 – 07874 – 9
定　　价　28.00 元

序言：家庭，中国人精神生活的道场

中国的孝文化源远流长，从草昧时期到刚刚落幕的20世纪，孝道一直是中华民族的基本价值观。

这种价值观深深地影响了我们的生活。这种影响不仅仅体现在物质层面，更重要的是体现在精神层面。越来越深入的研究表明，孝道关乎中国人的精神生活，它让人的内心充满温暖，并把人提升到了一个庄严和神圣的境界。

只有在这个时候我们才发现，它是一种绝对的力量。以往围绕着孝道展开的功利化论证可能都不准确，这种做法虽然为形而下的理解提供了方便，却丧失了形而上的高度。总结起来，很有可能得不偿失。

形而上？形而上者谓之道。古人发现，尽管沧海桑田变化，但浩瀚的苍穹永远都在，人世间的某些价值也永远都在。天不变，道亦不变。孝道就是道，孝道亦不变。

孝道是道，而且也许是唯一的道。离开了这唯一的道，就离开了人伦的温情。短暂的流浪会带来惊异和浪漫，但长时间的流荡无所，会产生纷乱、无助和绝望。

归去来兮！回复本性！归去来兮！回到孝道！

这里是真情的源头，这里是永恒的精神。

亲情是最真的真情，永恒是真情的永恒。

亲情可以永恒。惟其如此，家就是我的皈依处，就是我的道场。

举手投足，一颦一笑，皆在道场之中。老人与稚子，亲切与庄严，家庭本该如此。

重家为爱国之本，不出门可卜天下事；子不语怪力乱神，敦人伦即能达天理。

精神生活使我们的生命状态重新凝聚了起来。这个状态没有让我们丢掉什么，只是让我们捡回了本该拥有的一切。

不该有的呢？于我如浮云。

有的事有来有去，有的事不来不去。古往今来的孝子有来有去，可是他们在那片天空下，每个人都是不来不去。

明白你自己是什么，你就知道你需要什么，也知道你不需要什么，你从生命的源头了解了自己和别人。

这扇窗口的光亮也遇到了那扇窗口的光亮，它们交相辉映，五彩缤纷。这不是两扇窗户的故事，是无数个窗户的故事，仿佛奏起了交响曲。

这才是中国人的生命景观！

儒家在这里窥到了齐家治国的奥秘。

从家入手，珍惜家人！

爱你的家庭，爱你的亲人！

让我们开始吧！

目 录

第一讲

《孝经》传世

孝感动天

　　表现了尧亲自到田间拜访舜，要把天子之位传给后者的情景。两人虽
地位悬殊，但都非常谦恭有礼。反映了古人重视仁孝、崇尚禅让的思想。

《孝经》是一部凝聚中国人亲情的经典，是一部塑造中华民族精神气质的经典。它虽然只有一千八百多字，却在历史上占有极为重要的地位，以至于历代读书人，人人都要诵读这部经典，历史上多位皇帝为其作注解。那么，《孝经》是如何产生的？它揭示了哪些道理？历史上对于孝道又有哪些误解？《孝经》可能给现代读者哪些新的启发？

孝道，在我们今天这个社会大家也并不陌生，我们平时生活中称赞这个青年人敬老，这个青年人很孝顺，大家都会投来赞许的目光。如果说谁不孝顺，对这个人就是一个很负面的评价了。

一 老百姓的孝

当然，实事求是地讲，现代人遵守孝道的时候，也有一些问题。我在生活中，就经常遇到这类说教情形。我经常听家长们向孩子解释，怎么样尽孝，为什么要尽孝。家长们告诉孩子，因为当年为了你，我付出多少多少，所以你要孝顺。有的家长还说，我为了你，当年工作差点没丢了；我为了你，收入损失了多少。这个孩子一听，心里顿时感觉很有压力。那这怎么办？就得向家长还这份人情。家长这时候问，你说你要不要孝顺？孩子说，那我一定得孝顺，不然我对不起你。这样的说教很多。我曾经做过一个问卷调查，很多家长，教育孩子就是用这种方式。这基本是用一种商业的原理教育孩子——我付出了如此之多，作为补偿，你必须要回报给我多少多少。

这个说法是很有问题的，而且效果也不好，没有哪个孩子真正被这种说法打动了，他所感受的是肩头的那份压力：你对我这么好，我怎么能回报得了你？而且怀着这种亏欠感，也不敢轻举妄动。这类说教下，孩子常有这种心理负担。对此，我一直存在困惑——我们是否真的需要这种说教？如果存在问题，问题到底出在哪儿？

直到有一天，在我准备博士学位论文的时候，我的导师要求我必须要把先秦的经典认真地至少梳理一遍、通读一遍。看过了那些大部头的经典以后，最后我选择了薄薄的《孝经》。为什么最后看《孝经》呢？倒不仅仅因为它薄，而是听有的学者说这部经典没什么高明之处，随便翻翻就可以了。可是，当我真正面对这部经典的时候，受到了相当大的触动，情况并不如某些学者说的那样，当时的感受可以说是又惊又喜：惊的是这里面有如此伟大的思想，先前闻所未闻；喜呢？我那个长期以来的困惑在此涣然冰释了，得到了解答。

原来《孝经》不认为子女恪守孝道是在报答父母的付出，不是债务人在偿还债务。《孝经》里讲，孝是"天之经，地之义，民之行也"。孝行是人的自然行为，这个孝道，它的永恒性就像日月经天、江河行地一样，是永恒的。所以，每一个人，比如说父亲，他对待子女，要慈爱，子女自然要尽孝。这是什么？这是做生意的回报吗？不是，这是人本性的自然流露。人就应当这样做，因为这样做能让我们获得一种内在的满足感，而不是被外力逼迫、被动付出以缓解精神压力。我把我的这个收获，说给我的一些朋友们，跟他们一起分享，很多朋友觉得心里一下子豁然开朗了。这使我感到，这本薄薄的《孝经》，真的值得我们这些现代人高度重视、重新阅读。

《孝经》自然谈的是孝的行为，谈的是如何尽孝，为什么要尽孝？而它所谈的内容，实际上早在《孝经》产生之前就已经存在了，也就是

说，是先有孝，才有《孝经》的。这部经典是我们的祖先历经无数个岁
月，长期孝行实践后的结晶。

> 孝，作为一种伦理现象，是文明发展到一定阶段的标志，
> 可以追溯到遥远的父系氏族社会。这个历史阶段，在中华历史
> 上出现了一位以讲孝道著称的、大名鼎鼎的传奇人物，以至于
> 我们很多人一说到孝子，首先想到的就是这个人。那么，他是
> 谁？又有哪些为后世所称道的孝行呢？

那么中国人孝的历史，我们能给它推多远呢？很远很远，我们一直
能推到夏、商、周之前，再往前推，我们能推到原始社会的父系氏族社
会。这段历史，在我们中国的历史记载中，我们称它为传说时期。之所
以说它是传说时期，是因为这时候缺乏可考的历史文献记载。但我们的
祖先，在这个时期生存繁衍的历史事实是不容置疑的。这时期的历史，
是靠口耳相传保留下来的。此时有一个著名的人物——舜，他被后人称
为圣王。我们今天就讲讲这个舜，他不仅仅是一位贤明的君王，也是传
说中最早出现的一位著名孝子。

二、天下第一孝子——大舜

要说舜这个人，他不是生下来就是天子身份，当时流行的天子继承
制度是禅让制，跟后来的世袭制是不一样的。舜出生在一个普通的家庭
里，早年的生活境遇并不好。他的母亲很早就去世了，他与父亲相依为
命。他的父亲双目失明，所以他父亲还有一个名字，叫瞽叟。瞽就是双
目失明，叟是老年人。父亲后来给他找了一个继母，他父亲跟这个继母

又生了一个小儿子，名字叫象。有了这个小儿子象之后，平时这一家人那种融洽的感情就发生变化了。他父亲和继母，都偏心小儿子，处处刁难舜。舜呢，很憨厚，做事情从不斤斤计较，在家里非常孝顺，对弟弟也好。但尽管这样，没有用，家里对他一直是又怨又恨，也不知道火气都从哪儿来的。这时候，舜平素的这些表现通过左邻右舍传到了当时的天子尧的耳朵里，尧觉得这个青年人性格敦厚，有担当。而且，这个人能够把家庭关系处理到这个程度，说明他很善于与人打交道，因此很是赞赏他。于是，尧就赏赐了舜大量的财富：有牛、羊，还有房产。舜呢？并不是特别在意这些，还是一如既往地生活。

但是，天子的重视和赏赐的大笔财富，不但没有改善舜在家庭里的处境，反而使得家里的氛围更加恶化了。当然，这个变化都是背着舜的。他的父亲、继母，还有小弟弟象，三个人经常在一起嘀嘀咕咕，干嘛呢？密谋要把他的财产夺过来：这么丰厚的财产凭什么是他的，不是咱们家小儿子象的？得想办法。想什么办法？明抢？当然不行。干脆弄死他？也不行，光左邻右舍的舆论你就对付不了，更何况也没法向天子交待啊。为此，三个人真是绞尽了脑汁。到底怎么才能把舜的财产夺过来呢？这真需要高水平的策划能力。功夫不负有心人，三人最终想出了一个绝妙创意——意外事故！这样一来，既没有责任人，又能让这笔巨额财产神不知鬼不觉地归到象的名下，三个人一致认为这是个最佳方案。

舜的一家人为了图谋舜的财产，他们甚至想到了谋害舜的性命。生活在这样一个家庭，作为孝子，他会怎么办？他将接受怎样的考验？他会按照常言说的"父叫子亡，子不得不亡"，忍受迫害，成为愚孝的牺牲品吗？

三人既然想出了办法，就决定付诸实施了。这天，他的父亲瞽叟把舜找来说，你要把咱们家的谷仓给我修一修——谷仓的确有些破旧了，需要修整。看着高高的谷仓，舜二话没说，腾！腾！腾！拿着梯子就上去整修谷仓了。正当他在仓顶那儿忙活，忙活得热火朝天的时候，他的父亲有动作了：瞽叟摸索着悄悄地把谷仓底下的梯子给撤了。看上面没反应，又点了一把火，谷仓底下火可就着起来了。舜在上面正忙呢，忽然发现气浪灼人，怎么回事？火上来了！他想赶紧顺着梯子往下逃，一看，梯子没了。怎么办？往下跳，谷仓很高，往下跳能摔死。情急之下，他想起了随身带着的两个斗笠。斗笠就跟草帽差不多，竹子编的。火势危急，顾不得那么多了，他一手拿着一个斗笠，从谷仓上跳了下去。这是什么？这是土制降落伞啊！斗笠还是起了点作用，加大了空气的阻力，舜跳下来总算没被摔死。

说到这儿我得提示，我们小朋友不要学这个，这个是传说，实际还是很危险的，他是不得已才这样做。他跳下来，死里逃生啊，可是那三位不高兴了。怎么没摔死他呢？怎么没烧死他呢？居然让他逃脱了！一计不成二计生，再想一招弄死他。这天，他父亲又跟他讲，咱们家这眼井得换了，你再给咱们家挖一口井吧。舜二话没说，他还是那么孝顺，父亲让挖井就挖吧，他便开始着手挖井。这井越挖越深，越挖越深，头顶上的天，那就是我们讲坐井观天，一小块天空，看着越来越小。当舜干得起劲的时候，忽然间，头顶这块天空塌了——天不能塌，是变黑了。原来是井口被土填上了。井上面为什么会有土？是舜挖井弄上去的。现在，在井口，瞽叟和舜的弟弟象正在拼命地往井里面填土！这两个人工作效率还挺高，不大一会儿，井已经被土填满了。这父子二人——瞽叟和象，太高兴了，这回差不多，这回大功告成了。两个人高高兴兴地回家了。回到家里，一家人聚集起来，包括舜的继母，开始商量瓜分舜的财产。牛和羊归瞽叟，宅子——尧赏赐的宅子，归象，还有一把琴，这琴也很名贵，这琴也归了象了。象很高兴，这几天心里格外地舒畅，把琴拿来弹奏一曲，以抒发一下自己愉快的心情。弹得正投入的时候，恍惚之间就看到他的哥哥舜从门外走进来了。象当时吓得魂飞魄散——闹鬼了！可是，我们不能不佩服象这个人，他的心理素质极好，也就是刹那间，他就强迫自己沉静了下来：我不能紧张，沉静下来看一看再说。定睛一看，果然是他哥哥进来了，是活人，不是鬼魂！人家象这时脱口而出说了一句话，从这句话上，你就能发现他的心理素质有多好！他说：哥，你回来啦！你可想死我了！这心理素质多好啊？哥哥看到弟弟一脸无辜，跟自己好像还很亲热，哥哥也就没有再说什么。

　　那么，舜不知道发生的这两件事是蓄意针对他的吗？不知道家里人要害死他吗？他当然知道。尤其那把火之后，他就更警觉了。那被人填上了井口，他是怎么逃生的呢？原来在他的父亲让他下去挖井的时候，他就觉得这可能是一个圈套，他就在井里面事先挖了一个通道，等到他发现上面开始往下填土了，就顺着这个通道藏了起来，然后顺着已经挖好的出口跑了出来。在两件事情过去之后，舜也没有怎么发作，因为他觉得一家人聚在一起挺不容易的，他很珍惜这个天伦之乐。不过，从今以后，这家人谁要再想害他，也不那么容易了，他开始处处加以防范。而当父母真的生活中遇到困难了，他又会及时出现在他们身边尽孝。也就是说，舜的尽孝是有智慧的。这个故事也给我们一个启发：我们后来很多人相信民间"父叫子亡，子不得不亡"的说法，看来也不完全是这么回事，从舜身上就能看到，他不会在那儿等着被人家烧死、活埋，他是有智慧的，懂得怎样保护自己。

　　在如此不如意的环境中还能尽孝，舜的行为是难能可贵的。后来成为天子以后，舜的孝行更具有了广泛的影响力，被后世当作中华民族孝道的代表。

　　　　舜生活的时代，是原始社会的父系氏族时代，这个时候，孝已经作为社会生活中的一种美德在传承。但是时间发展到了春秋时代，礼崩乐坏，道德沦丧，各诸侯国之间战争不断，中华民族的道德底线经受着严峻的考验。儒家创始人孔子，倡导仁爱思想，决心要把中华孝道传下去。孔门弟子三千，人才济济，谁堪担此重任呢？

三、曾子的故事

　　再后来呢，就进入了更加文明的社会了。经过夏、商、西周，到了春秋时期。春秋时期的社会道德状况怎么样？可以说非常恶劣，用四个字来形容：礼崩乐坏。这个时候，有一位大思想家、大教育家，我们中国人尊称的圣人——孔子出现了。孔子看到当时社会秩序混乱、道德沦丧的局面非常地失望，非常地焦虑，他想重新恢复秩序，他想拯救这些民众。为此，他做了很多事情，教了很多弟子。在他众多的教学内容中，有一项重要的内容就是孝道。为了让人们重新懂得孝敬父母，让人间充满着天伦之乐，孔子决心要把孝道发扬光大。孔子弟子有三千，三千弟子中，选哪一个来传孝道呢？三千弟子中，有的很聪明，孔子没有选，他专门挑了一个不太聪明的。孔门弟子都是出类拔萃的，我说人家不太聪明，有依据吗？有的，就在《论语》中。孔子当时的原话是"参也鲁"（《论语·先进》），"参"指的是弟子曾参，后人也尊称他为曾子；"鲁"，就是愚鲁、迟钝。曾参这个青年人个性迟钝，表现得不是那么活跃、聪明。孔子传孝道，偏偏选中了他。那么，他除了我们刚才说的反应不是很快以外，还有什么特点？说到这个人的特点，需要全面考察一下。你别看平时好像不是很机灵，但是他内心里有数。《论语》中也记载过几句曾子说过的非常有力量的话，比如说"士不可以不弘毅，任重而道远。仁以为己任，不亦重乎；死而后已，不亦远乎"（《论语·泰伯》）。这话是曾子讲的，很有力量，表现了这个人刚健、笃实的个性。曾子这个人很孝顺，这是孔子把《孝经》传给他的最主要原因。比如他父亲曾点（也是孔子的学生）有一次让他到园子里去锄草，他在锄草的过程中，不慎把瓜秧刨断了——这个人大概做农活也不怎么在行——平时个性是很真诚、厚重的，可是干活不是很利索，要说这个人"鲁"，方方面面他都会有一些表现。我们不是说这个人是一个完人，他有他的不足，干活他就不行。他父亲对他非常严厉，一下子勃然大怒：瓜秧你把它刨断了，瓜就死了，你会不会干活？哪有你这么笨的！盛怒之下，抄起一个很粗的棍子，劈头盖脸就打过来了，一棍子打在他后背上，当场打得就昏迷不醒。父亲见自己失手把亲生儿子打昏了，当时就后悔了，着急得不得了。好长时间，曾参这口气才缓过来，缓过来一看他父亲着急的样子，就挣扎着回到了自己房间里。干嘛去了？拿琴去了。把琴拿出来，他要弹琴，让父亲听他弹奏的琴声，知道他虽然一度昏迷，现在并无大碍，不仅身体能动，艺术细胞也没被打掉，让父亲放心、高兴。这个事情后来就传出来了，也传到了孔子耳朵里，出乎曾子意料，一向提倡孝道的孔子听了之后非常不高兴，他没有觉得这个孩子真孝顺，而是十分愚蠢。孔子甚至这样讲，曾参这个人再到我的家里来，不要让他进来，我没有这样的学生。

曾参对待父亲以孝顺闻名，但孔子对他无条件地顺从父亲，甚至面对挨打，也能逆来顺受，非常不满。那么，这是因为曾参做得还不够吗？顺从父亲难道也错了吗？曾参的行为究竟为什么让孔夫子不满意呢？

听说了老师的态度以后，曾子产生了困惑：我父亲打我，我苏醒了，马上弹琴，你看我多孝顺，老师为什么不高兴？他不知道其中是什么缘故，就托人拐弯抹角地找孔子问。孔子一看，这个人大概是真的没有意识到问题的严重性——鲁嘛！这样吧，让他来，我当面跟他讲。曾子就来了，孔子说，你父亲打你，如果要是小的木条打你两下，无所谓；如果换那么粗的棒子，打一下就能打得昏迷不醒，你必须要跑，你不能在家挺着挨打——孔夫子看着这个小弟子被打了之后心疼了，才给他出了这么个主意。孔夫子说，你父亲把你打了，你父亲犯罪，你父亲这样做是不对的。你让你父亲把你打了，你客观上起到默许作用，主观上，你没往外跑，你也有责任，你不要陷你父亲于不义。何况，你知道吗？孔子从当时的法律角度认为，你是天子之民，是国家的一分子，你父亲没有资格、没有权力处置你的生命：知道吗？杀天子之民是犯法的，是要偿命的，这个道理你要懂。你需要尽孝，不仅仅是你们家的事情，也要符合法律的要求才行。曾子听了，恍然大悟。这回我明白了：在传统社会里，很多愚昧的家长把责令子女孝顺当成了自己的权力，他们以为自己可以为所欲为地处置自己的孩子，让孩子怎样，孩子就得怎样，要绝对服从。现在我们知道这不符合儒家经典的教导，孔夫子并不认同这样的做法。

其实呢，曾子跟他的父亲感情还是挺深的。在他父亲去世以后，有一次曾子做鱼吃，这次的鱼比较多，他吃不完，怎么办呢？就打算把鱼收拾收拾放起来，过一段时间再吃。鱼放起来会不会腐败呢？他有办法，拿酱把鱼腌上，这是他一贯的做法。他正这么做的时候，身边有一个朋友就跟他讲，你不能这么做啊！他问为什么？朋友说，这个鱼不能拿酱来腌，腌制根本解决不了保鲜的问题。他问那怎么做？朋友告诉他，应当用油把鱼炸一下，鱼就不会坏了。曾子朋友的这个建议到底是否合理，我也不知道，但古书上是这么写的。曾子听了朋友的意见之后，心情一下子就沉下来了，很难过。朋友不知道为什么：我刚给你提了个建议，你为什么就不高兴呢？曾子说，你别误会，我是想起我的父亲了，我父亲当年吃鱼，舍不得吃的时候，就拿酱腌上，刚才你这么一说，说拿酱是腌不住，鱼还能腐坏，我想到我父亲当时吃的那些腌制后的鱼也都不新鲜。我很遗憾，这个道理我知道得太晚了，如果在父亲生前知道就好了，我是因为这个才难过、自责的。通过这件事，我们发现他的确对父亲有很深厚的感情。

不仅是对父亲，对母亲也一样。他幼年时期，就出去砍柴，贴补家用了。这一天，他又出去砍柴了，他母亲独自在家。忽然间来了个客人，拿什么来招待这个客人呢？他母亲没主意了，下意识地做了个小动作，把手指放在嘴里咬了一下。就这么一个小动作，远在山里砍柴的曾子感觉心口砰然一动：实际是一痛。他想，我家里是不是出事了？这柴我不能砍了，得赶紧回去看看我妈妈怎么样。于是，他就拔腿往家跑。跑回去，问妈妈家里是不是出事了？他妈说倒没什么事，是来客人了，我正不知所措呢。他又问：妈，你没受伤吧？他母亲说，没有，我就咬了一下手指。他说那你咬手指，儿身上就有反应。我们现代人常常把这个当成笑话听，当成迷信故事听，我倒觉得未必如此。至亲骨肉之间，有可能有这种生理上的感应，现代科学可以证明，双胞胎之间就有某种心理或生理感应的。其实，像他跟母亲感情这么深，完全有可能发生这样的事情。

曾子后来对自己孩子的教育方法，也跟一般人不一样。有一天，他跟妻子打算一同上集市上买点东西。两个人刚要走出家门的时候，小儿子开始闹了，一定要跟着父母出去，不想留在家里。他夫人不想带孩子出去。为什么？有孩子的家长们都知道，孩子太小的时候，你带着孩子逛街，你主要精力得照顾他，购物、逛街都不能尽兴，这个道理古今相通。曾夫人当时灵机一动，就跟孩子说："孩子你别跟我去了，你要不跟我去有好处。"孩子一听说有好处，就问："那你说说什么好处？""等我回来杀猪给你吃猪肉，咱们过年才能吃一次，这次回来就给你杀猪吃猪肉，干不干？你要是同意的话，那你就别跟我们去。"孩子一听，心想：太好了。那我好好看家，就等你们回来了。摆脱了孩子，夫妻二人上街逛去了。夫人很高兴，好不容易能跟自己的丈夫一同上街。曾子却不高兴了，一路上也不说话。他夫人觉察他的情绪不对，说："你怎么了，为什么不高兴啊？"他说："你刚才说什么了？说要杀猪？这到时候了吗？不过年不过节的，杀什么猪啊，随便说这些话，你能负责任吗？"他夫人说："我就那么一说，我这么做是为了哄哄孩子，不让他跟着我们。我哪能真杀猪啊，我又不傻，我就是哄孩子才这么说的。"曾子说："孩子怎么能骗呢？我们这么骗孩子，孩子还能信任谁啊？连他的亲生父母说话都不算数吗？不行，既然你说了，那么这个猪就必须得杀。我决定了，回去就杀这猪，因为你已经答应孩子了，你必须对自己的承诺负责。"曾夫人其实是一个很贤惠的人，听了曾子这番话，也理解丈夫的用心——教育孩子就应当这样嘛：言必信，行必果，应当讲信用。所以两人回去，大概就是按曾子所说的这样去做了。

曾子就是这样一个人。

这样的一个人被孔夫子选中了，孔夫子要传授他《孝经》。《孝经》一共18章，讲出来，那曾子一直是站着听，有的时候坐下来，听孔夫子讲到高妙之处，他激动地又站起来。同时，他也提出自己很多疑惑的问题。后来，这段经历被记录成了文字，就是现存的《孝经》。

> 《孝经》由孔子讲说，由弟子们传承了下来。然而，在礼崩乐坏的年代，这部经典的历史命运注定不是一帆风顺的，甚至在一段时间，诵读、谈论《孝经》，要面临严厉的制裁，有杀头的危险。到底是什么原因造成了这个结果？《孝经》后来又经历了怎样的艰难历程，最终重现于天壤之间？

四、《孝经》的流传

孔夫子是春秋末年的人，那么他传授《孝经》也是这个时候。没过多长时间，中国历史就进入了战国时期。战国时期是个兵荒马乱的年代，到处是杀人盈野、杀人盈城的惨剧，是民不聊生的时代。在这个时候，谈孝道还是有困难的，尤其是社会动荡，没有一个有力量的组织能够把孝道传出去，也就是说没有哪个国家会提倡、传播孝道，老百姓生活苦不堪言。盼来盼去盼什么？盼天下统一。天下终于统一了，"六王毕，四海一"，秦始皇统一了天下。老百姓想，家庭这回能开始遵守孝道了吧，社会风气该好转了吧？老百姓想得太天真了，没有，没有像他们期盼的这样。秦始皇颁布命令，很多以前的经典大家都不许再读了，包括《孝经》，尤其要求一家几口人，你们家人数到一定时候必须分家，而且家庭内部不要讲孝道。讲孝道，是对国家的一种威胁，这话说得正常吗？他就是这么说的，他的逻辑是，你们每个人家如果都是有天伦之乐、父慈子孝的话，就分散了精力，就不会把全部的身心投入到对我效忠的事情上来。所以，秦始皇不允许家庭讲孝道，就是家庭之间也要互相告密、互相揭发，这才好。一段时间内，人人自危，没有人敢谈孝道，也没有人敢读《孝经》，《孝经》这本书在社会上消失了。甭说你读《孝经》，别人假设听说你读《孝经》，别人都得揭发你，如果他不揭发，他的罪跟你是一样的，有可能被暴尸街头，有可能被灭族。这种政策推行下来以后，短时间内，全国的道德水准急剧下降。出现什么情况了？在家庭里面儿子跟父亲说话没有礼貌，父亲要想到儿子家借点东西，比如借个锄头，那可太不容易了，这锄头父亲要是借到手，不知道被儿子侮辱多少次、讽刺多少次！婆媳之间动不动就因一点小事情破口大骂，互相之间没有什么尊重可言。大家觉得互相大骂很正常，就应该骂着说话，哪里还有温情！秦始皇觉得自己处在这样一个国家，当这样一个国家的皇帝，安全了。这些人凝聚力不够，他们也不会造反，只能效忠我。秦始皇的如意算盘打得太精了，当然也完全打错了。他还想万世传下去，可是你破坏了人伦基础，你这个国家能走多远啊？算上始皇帝和二世，秦朝统一时期一共才维持了14年，然后就是由大泽乡起义为首的各地风起云涌的农民起义，最后推翻了秦王朝。秦王朝灭亡的原因很多，一个根本的原因是这个王朝破坏了整个社会的人伦基础，丧失了民心，大泽乡起义不过是一个导火索而已。暴秦的统治就这样被推翻了，在当时那个年代，没有人敢谈孝道，没有人敢再读《孝经》，这是非常恐怖的。

但是，咱们什么话也不能说得太绝对了，有一个人，他不谈孝道，也不公开读《孝经》，他这个举动同样具有极度的危险——他藏《孝经》。他不读，也不拿出来跟人讲，把《孝经》偷偷地藏了起来。藏《孝经》如果被人发现了那还得了吗？所以说这个人是很有勇气的。这个人是河间人，他叫颜芝。他觉得，以后的社会还会用得着《孝经》，人伦、人类的道德还会回归的，他有这个信念。

在汉朝初年的时候，他的儿子颜贞，就把这部《孝经》献出来了。献出来的这部《孝经》，是用当时通行的文字写的。当时通行什么文字呢？隶书，汉朝通行的是隶书，所以汉朝人读的《孝经》就是这样的今文版的《孝经》。后来，过了若干年，在山东曲阜，鲁恭王在维修孔子老宅的房子的时候，把一个夹壁墙给推倒了，夹壁墙里面发现了很多古书，其中就包括这部《孝经》。他把这部《孝经》拿出来打开一看，文字与流行的不一样，是战国文字。战国文字，对于汉朝人来说呢，称为古文，当时流行的隶书就叫今文。于是，历史上就有了这两个版本：一个是古文版本的，一个是今文版本的。

这两部经书在流传过程中，应该说还是今文版本的影响大，因为它是先出来的。这两部经书虽然说内容大致差不多，但是也有一些不一样的地方。后来，中国历史上发生了很多战乱，在战乱中，古文《孝经》失传了，大家再也见不到了，可能是被战火给毁掉了。总而言之，人们见不到古文《孝经》了。许多年后，古文《孝经》又出来了，据说是从战火中幸免于难，最后由民间又献出来的。可是，这回拿出来的古文《孝经》，经很多学者考证，它不是汉朝那个古文版本，是后人伪造的。但是也有人说，这不是伪造的，就是原来那个版本。总而言之，历史上人们最信任的版本，还是由颜芝保存、颜贞献出来的今文版本《孝经》。历史上，人们读的最多的，也是这个版本。

从下一讲开始，我们需要把《孝经》翻开，回到2500年前的那个课堂，跟着曾子一同听一听孔夫子是怎么样讲孝道的。

【坛下独白】

我选择以《孝经》为主线讲解孝道，不是偶然的。这部数千年凝聚中国人亲情的经典，在我心中一直分量很重。在传播儒学的时候，我发现我们这个时代非常需要这部经典。这个需要是由我们经常遇到的悖论造成的。长期以来，涉及孝道的时候，中国人往往听到的都是"愚孝"的例子，"孝子贤孙"至今在我们的日常语境中都不见得是一个褒义词。而我们多数人所处的家庭环境又离不开孝道，不孝顺的悖逆之事，也常常为人所不齿。认识与行为在这里出现了错位。而《孝经》是对人类亲情的肯定，并将之上升到了天经地义的绝对高度。谈到了"绝对"，很多人会不以为然，在这些人的生活观念里一切都是相对的，他们往往不会坚守什么，而又会给这种游动不定的生活态度找一个通权达变的借口。从前，没有学习儒家经典的时候，我对这些人的做法虽然感到别扭，但也说不出个所以然来，自从研读、传播儒学以来，我大致发现了问题的结症所在，就是这些人的内在精神品质方面没有他们认为值得坚守的内容，所有什么仁爱、忠诚、义气（在中学教育里常被丑化为哥们义气给瓦解掉了）……似乎这些都"过气"了（旧的），现代人得有新气象！可是，放眼望去，新气象在哪儿呢？！道德领域里妄谈新旧是很危险的事情。我在学习《孝经》的过程中感悟到，应当正视孝道的永恒价值。

孟子为了说明孝道对人的重要性，还虚构了一个故事。他假设说，大孝子舜的父亲触犯了法律，这时候舜不但没有检举他的父亲，反而背着他逃之夭夭了（见《孟子·尽心上》）。这个故事在当代学者中争议很大（武汉大学郭齐勇教授主编的《儒家伦理争鸣集》就搜集了很多当代学者的辩论文章），实则，在这个故事里面，孟子要强调的是孝道的重要。他认为这是最为根本的人类品质，偏离了这个品质，尽管社会其他制度是完整的，但社会的总体发展值得忧虑，因为人内心已没有值得坚守的东西了，一切都是外化的，而外化是可以用功利标准来衡量的。因此，整个社会必然的宿命，是走向彻底的功利化。如果我们不是陷入非此即彼（难道要孝道，就不要法律了吗？）的怪圈里面，我们得承认孟子的深刻性和非凡的洞察力。战国时代，法家大行其道，这是一个"严而少恩"（太史公司马迁的父亲司马谈批评法家语）、缺乏温情的世界。这样的世界人如何能够久处呢？大泽乡起义的直接原因不就是"失期，法皆斩"的严法逼出来的吗？由此可见，孟子的舜背着父亲逃跑的故事所揭示的亲情至上的涵义，对维护社会安定别有一番警策意义。

中国的《孝经》就是这样一部阐扬亲情伦理价值的书，我很庆幸祖先给我们留下了这部经典，在我们历尽劫难以后，还能够捧读这部经典，不能不说是我们的幸运和福气。事实上，我也是怀着感恩之情录完这讲内容的，看到观众席上投来的赞许目光，我的内心充满了暖意，我知道这是经典的力量！

戏彩娱亲

　　传说春秋时期楚国的隐士老莱子为避世乱，携父母耕于蒙山之中。面对年迈的双亲，至孝的老莱子虽年近七十，却从不在父母面前说自己年老，还经常穿着五彩斑斓的衣服，打扮成孩童的模样取悦他们。有一次为父母打水，进屋时不小心摔了一跤，他怕父母为此担心难过，就索性躺在地上装作发出婴儿般的啼哭声。故事强调的是，子女内心深处自然流露出的竭尽所能以取悦父母的关爱之情。

第二讲

孝的力量

为亲负米

　　故事说孔子的学生子路年轻时家里很贫穷，常常只能靠吃野菜充饥，却经常跑到百里之外为父母驮米。后来双亲过世，子路仕楚，生活奢华，却经常叹息：我多么想回到以前吃着野菜为父母背米的时候啊！但这样的机会再也不会有了。表达了对父母"生事尽力，死事尽思"的孝。

一边是老师，千古圣人孔子；一边是他的学生，看上去有些鲁钝的曾参；这样一对师生的对话，为我们留下了儒家的一部经典著作——《孝经》。

儒家提倡孝道，并且有一部专门讲述孝道的经典著作《孝经》。《孝经》通过孔子和学生曾参课堂对话的形式，在一问一答中，为我们展示了孝道的动人之处。那么，在这样一个师生对话的课堂上，又是以讲孝道为主题，孔子会对曾参说什么呢？

一、孔门圣人的孝道

现在让我们把《孝经》翻开，感受一下2500年前的教学氛围。

翻开《孝经·开宗明义》章，这个"开宗明义"的名称是汉朝人起的。为了研究、阅读的方便，汉代的学者在归纳了这一章的内容后选择了这个名字。现在我们看看这第一章的第一句话是怎么写的？第一句话有六个字："仲尼居，曾子侍。"什么意思？就是说孔子这一天很清闲地在家里，没什么事，心情很放松，很愉快，他的弟子曾子在一旁侍奉着他。大家想象一下，这简直是一幅图画：儒家的老师、儒家的弟子，他们在生活中就是这样相处的。这个图画与我们一般接触到的教学的场面，恐怕不大一样。一般的课堂上，老师在讲台上讲，学生在下面听，为了文凭，为了应试教育。儒家讲的不是我们今天教的这些内容，孔子跟弟子之间的关系，也不是普通的老师跟学生的关系。儒家师生是完全在生活中默契相处，一同在探讨修身、齐家、治国、平天下的道理。在儒家的讲堂里，老师教的是这个，学生学的也是这个，这是儒家教学的显著特点。看着谦恭的弟子，孔子说了一句话："先王有至德要道，以顺天下，民用和睦，上下无怨。汝知之乎？"（《孝经·开宗明义》）这是文言文，我给大家翻译一下。孔子说，先王，历史上的这些帝王，这些有贤德修养的帝王，"有至德要道"，有非常重要的大道，有高尚的品德，有重要的治国方法，把这些传出来能使天下民心归顺。"民用和睦"，百姓、群众大家生活安定，和睦、美满。"上下无怨"，社会各个阶层的人，虽然所处的社会地位不一样，但是没有人表示不满，没有人抱怨。孔子说，先王的至德要道蕴含了重要的真理，有这样的神奇效果。问曾子，"汝知之乎"，你明白这些吗？曾子一听，老师在向自己提问了，"呼"地一下子站了起来。从这个站起的动作，我们推断刚才经文说的"仲尼居，曾子侍"的"侍"是侍坐。"侍"是侍奉的"侍"，侍坐是儒家的规矩。作为儒门弟子，侍奉老师是有特殊规矩的，要像学生的样子，不可以做出很随意、很懒散的样子。一听老师要告诉自己这么重要的内容，他立即站起来，"避席曰"，避席就是离开了自己坐的位置，站起来跟老师说："参不敏，何足以知之？""参"是他自己的名字，他叫曾参，这个我们大家知道。他说我自己不是很聪明的，我怎么知道老师您谈的"至德要道"是什么呢？他说自己不够聪明不足以知道这些。对曾子而言，恐怕"不敏"二字也不完全是谦虚，孔子不是曾给他一个评价叫"参也鲁"吗？说明他平时反应不是那么机敏。不过，这里我们要指出一点，就是在儒门弟子回答老师问题时，是有固定礼数的，用恭敬的语气说话是起码的要求。但等他表明了态度后，孔子继续给他讲："夫孝，德之本也，教之所由生也。"（《孝经·开宗明义》）说孝是各种道德修养的根本，教化就是从孝道开始展开的。一说这个，孔子就要滔滔不绝地往下讲，可是拿眼睛一看，曾子还在那儿避席站着呢。孔子说，"复坐，吾语汝"，意思是你不要这么拘谨，坐下坐下，坐下好说话。他就落座了。这是什么？这又是一个礼，孔子让弟子怎么样？让他坐下来。弟子让老师这样一说，感觉老师要讲东西，那么自己安心地来听。

《孝经》一开始讲的就是儒家师生之间的礼，给我们留下了非常深刻的印象。不仅孔子生前如此，就是孔子去世以后，也是一样。孔子去世以后，他散布在天下各个诸侯国的弟子们就纷纷回来奔丧，这些弟子们回到鲁国，决定要给孔子守孝。怎么守孝？按照儿子给父亲那样去守孝，守孝三年。三年以后，这些弟子们抱头痛哭，然后大家洒泪而别了。分开以后，这些弟子们回到各自的家乡，他们还在怀念老师，也在怀念这些同窗们。然后，这些人就不约而同地做出了一个决定：大家还要回到老师的家乡去，就是今天的曲阜了。这回回去跟第一回去守孝不一样，这次是举家搬迁，全家人跟着走。大家可以想一想这个场面，这些弟子们把自己的家都搬来了，在孔子的家乡住下来，大家互敬互爱、彬彬有礼，可见礼的观念在孔门弟子中是多么地深入人心了。这一住，就永远地住下来了。这种师生之间的感情，是无以比拟的，在中国文化史、中国教育史上也是非常著名的一个事件，也是我们文化的一个突出表现，中华师道就是这样建立起来的。俗语说的"一日为师，终生为父"，在古代的确有这类真人真事，最著名的例子就是孔子和他的弟子们。

二、孝道不是空洞的口号

现在我们说回来，孔子说，我讲的这个内容，你要知道是最重要的。你要进一步了解它，要仔细听我讲。孔子接下去就讲了，孝道不是

25

空洞的口号，而是有具体的修养内容的。从哪儿开始讲求孝道？从自己的身体开始。"身体发肤，受之父母，不敢毁伤，孝之始也"（《孝经·开宗明义》），也就是说你的皮肤、头发、身体，都是父母给你的，你不要让它出现破损，不要受伤，这是实践孝道的开始。

这句话，我们得解释一下。曾子对这句话我不知道他怎么想，但是他曾经有过一次被父亲打得昏迷不醒的经历。所以，这句话是不是有点对症下药，特别针对他而说的呢？我看不是，孔子恐怕还是针对所有想成为孝子的人来讲的。这些孝子们，首先要保护好自己的生命。为什么？因为生命是父母给的，所以要把它保护好？不仅这样简单，我们这个生命固然是父母给的，可是父母的生命又是谁给的呢？我们往上追寻，一代人是爷爷奶奶，姥姥姥爷。再往上追，再一代人，再一代人，无数代的这样追下去，我们会追到哪儿啊？追到我们这个家族的产生之初。还能再往上追吗？可以，再追那就追到浩瀚的宇宙了。是因为有了宇宙才有了人类，有了人类才有我们这个家族，有了我们这个家族的列祖列宗，才有了我们自己。方才说追到了浩瀚的宇宙，宇宙给我们什么印象？宇宙是伟大的，让人敬畏。那么，落实到我们个人，我们这个渺小的身体，因为体现了宇宙的力量，一下子变得不那么渺小了。既然我们的身体体现了宇宙的伟大力量，我们怎么可以容许其被伤害呢？我们怎么能随随便便来对待它呢？绝不可以！儒家讲的就是这个道理。

这个道理曾子听明白了，一个人是不可以毁伤自己身体的，如果毁伤了，等于是对宇宙精神的一种伤害，这个说法让他很受触动。这个道理，后来通过曾子等儒家弟子的传播就家喻户晓、为人熟知了，并对中国人的生命观产生了非常大的影响。我们中国人历史上有一个传统，就是非常爱护、爱惜自己的身体。不是有一句俗话吗，叫"君子不立于危墙之下"，是说建筑物如果很危险，作为孝子就不应该站在下面，这是爱惜生命的一个具体表现。

在《孝经》中，孔子说到，一个讲孝道的人，他首先要做到的，就是爱护自己的身体，做到了这一点，才是孝道的开始。《孝经》中谈的这个观点，甚至影响了封建社会中王朝法律的制定，而这又和一个小女孩的非凡勇气和孝心有关，那么，这是怎么回事呢？

三、孝女缇萦改变了皇帝

汉朝初年，有一个皇帝，叫汉文帝，特别强调严刑峻法。当时有一个小官，复姓淳于，叫淳于意，淳于意这个人书生气很浓，不善于跟上级搞好关系，最后感觉在官场也没有出路，怎么办呢？他决定另谋生路。他有一技之长，这一技之长是什么呢？就是给人看病。后来，他就靠行医谋生了。可是他悬壶济世的经历也不是很顺利。有一次，他给一个大商人的夫人看病，看到最后，夫人的病没能痊愈，人死了。人家大商人不干了，马上来了一个医患纠纷，把他给告了，要他承担法律责任。于是，淳于意就被抓了起来，法官判决，淳于意有罪，要逮到京城去执行刑法。什么刑法？就是肉刑。何谓肉刑？就是残害人身体的处罚。比如说砍脚、割鼻子、往脸上刺字之类的，这都是肉刑。现在就要给他用这个肉刑，淳于意当时垂头丧气，心情非常凄凉，临行前跟自己的几个孩子告别。他一共有五个孩子，都是女儿，最小的女儿叫缇萦。淳于意对女儿们说，我这么多孩子都是女孩，关键时刻没有顶用的：他在抱怨。看到父亲难过的样子，小女儿说，父亲，我可以帮助你摆脱处罚。淳于意听了直摇头。可是别看缇萦年纪小，却非常执着。淳于意被押解到了京城，小女儿缇萦就一直跟着他，一直跟他到了长安。到长安之后，这个女孩托人写了一个状子，居然把这个状子递进了皇宫，汉文帝看到了这个状子。状子里写道：我父亲触犯了国家的刑律，按法应该给他施以肉刑。但是，皇帝，你要知道，一个人要是肢体残破了，那是非常痛苦的事情，以后即使想改过自新都很困难，求你能不能对我的父亲宽大一点，不要给他施以肉刑，为此我可以无偿地为国家做一切事情，卖到宫里当奴婢都可以。这番凄婉的说辞，打动了汉文帝。汉文帝也是一个孝子，他对亲生母亲薄太后非常孝顺。薄太后曾经有病，汉文帝衣不解带地服侍母亲几个昼夜，作为一个皇帝来说，是难能可贵的。汉文帝本身又特别地认同《孝经》的说教，自然很熟悉"身体发肤，受之父母，不敢毁伤"的内容，所以看罢缇萦的这个状子，他决定把国家的这个肉刑废除掉。不能有肉刑，肉刑残害人的身体，是违反孝道精神的。由于小女孩缇萦的勇敢，使她的父亲免受肉刑的残害。这则缇萦救父的故事，也成了后人津津乐道的千古佳话。

　　《孝经》中讲到，"身体发肤，受之父母，不敢毁伤"，那么，一个认同孝道的人，在实践《孝经》中所讲的道理的时候，会不会带来另外一种情况，就是这个人会变得在任何情况下，都把保全自己放在第一位，不管发生什么事情，都是保命要紧，把求生看得比什么都重要呢？

不是这样。儒家讲了，一个人在关键的时候，是应当挺身而出的。

在《论语》中，孔子曾经说过，"志士仁人，无求生以害仁，有杀身以成仁"（《论语·卫灵公》）。意思是，在关键的时候，志士仁人不可忍辱偷生，要敢于为正义牺牲。

四、战阵无勇，非孝也

不仅孔子有这个意思，曾子也有。在其他的场合，曾子曾说，"战阵无勇，非孝也"（《礼记·祭义》）。真要两军作战的时候，一个孝子要表现出异常的勇敢、不怕牺牲才可以。不是说我为了孝顺，在战场上也要千方百计地保全自己，绝不能让自己受伤（更别说牺牲了）。实则，崇尚孝道的时代，也往往是人最勇敢的时代。

在汉朝的时候，汉朝的军队战斗力非常强。名将卫青、霍去病，带着军队一直远征大漠。这些我们就不提了，我们今天单单谈一个汉朝的失败英雄李陵，看看他身上表现出来的勇武之气。李陵的爷爷是鼎鼎大名的飞将军李广，他的父亲也是军人。据说李陵是在父亲去世后出生的，所以他是一个遗腹子。作为将门之后，他对军事生活非常喜爱和投入，也许是他天生的遗传禀赋和家族荣誉感在起作用吧。李陵做过什么呢？他做过射箭教练，总教练，射箭技术相当纯熟，是神箭手。他曾经带着士兵训练，他带出来的兵个个都精明强悍。作为将门之后，李陵一门心思想报效国家。机会终于来了，这一年就是汉武帝时期大将军李广利决定带兵北伐匈奴的那一年。当时，朝廷给李陵安排的工作是搞运输保障，运辎重、粮草。运粮草都在后方，所以他觉得这个没有什么挑战性，李陵想上前线。他就找到了汉武帝，一番慷慨陈词，最后打动了汉武帝。汉武帝说，可以让你带兵上前线，但是有个条件，就是我们没有那么多骑兵，你要去的话，你就带步兵。

他说这没有问题，带步兵就带步兵，只要能上前线就好。于是，李陵带了五千步兵北上，遭遇对方的三万骑兵，三万骑兵马上就把他包围了。这五千步兵是训练有素的，战车在外边迅速地围成了一圈，构筑好了防御工事，士兵们就潜伏在战车后面。匈奴骑兵接近汉军战车的时候，伏兵弩箭齐发，当时就射杀了五千多匈奴兵。后来匈奴一看，这股汉军原来是非常彪悍、英勇善战的，怎么办？就做动员令，把周围的匈奴骑兵全都聚拢过来了，聚了多少？一共聚了八万！现在是八万匈奴骑兵对五千汉军步兵，也就是说一个汉军步兵要迎战十六个匈奴骑兵！这场仗打得是昏天黑地，汉军极为骁勇，每次冲锋下来都能杀死对方几千人。据说在一天，汉军射出去的箭就是五十万支，大家可以想象当时战斗的惨烈。

后来，匈奴已经坚持得有一些吃力了，因为匈奴骑兵被汉军射死了很多，匈奴单于准备撤退了。这个时候，有一个戏剧化的场面出现了，李陵军中出了个叛徒！这个叛徒觉得自己在李陵这里受到了不公正的待遇，他就投降了匈奴，告诉匈奴人不要撤掉包围，李陵那边的箭已经用得差不多了，粮食也断了，你们不要害怕。匈奴人一听，立即加紧了进攻；情况万分危急，李陵让大家从四面八方突围。此时，汉军已经射杀了一万多匈奴骑兵，自己损失了不到两千人。最终，李陵带人突围，但也没有冲出去，为什么？一是没粮食吃，体力不济；二是手中没有箭了。李陵仰天长叹，我手中现在只要再有几十支箭就能杀出去！多么悲壮啊，李陵！汉军步卒拼着全力突围，最后回到汉朝的只有四百多人，其他的全部战死，李陵也被抓住，被迫投降。

我说这个故事，是想证明什么呢？是想证明汉军强大的战斗力。汉军面对着十几倍的敌人，从容应战，如果当时要有武器（箭）的话，是完全有可能杀出重围的。汉朝的读书人，还有军人，没有不背《孝经》的。我们完全有理由相信，李陵的这支汉军是背过《孝经》的，而值得注意的是这支军队，同时又是如此悍勇、有如此让敌人胆寒的战斗力！所以当有的人讲孝道会让人懦弱畏缩时，我们就知道这完全是无稽之谈了，李陵所带领的这五千勇士就是最好的证明。

> 　　李陵以五千步兵抗拒匈奴八万骑兵的故事告诉我们一个现象，就是在现实生活中遵守孝道的人，虽然要爱惜自己的身体，但这和他在面临危险的时候表现出英勇的气质并不矛盾。那么，是否只有在战争年代，在那种极端的情况下，遵守孝道的人才会有这样的举动，而在平时就会变得懦弱了呢？

也不是。我们再给大家举个例子，这就是孔融的故事。

五、为孔融鸣冤

我相信，很多人都知道孔融，包括很多小朋友读《三字经》，都知道"融四岁，能让梨"。四岁的孩子懂得谦让，真不简单！对这个问题，我还特意请教了一些幼儿的家长和幼教专家。我问，小孩子能不能轻易地把自己的好东西让给别人？他们跟我说，当然！两种情况可以让：一种，这个东西我们家有的是，孩子就会让；还有一种，我得跟孩子说，还有更好的，这不算最好的，这时孩子会把它让出来。如果这个是最好的，求他让给别人，这个很难。人有一种本能的占有欲，小孩子可能表现得更直率。孔融在四岁的时候，能把大一些的梨让给自己的兄弟，挺了不起！这个孩子身上有一种超常的禀赋。我们今天要讲的当然不是这个，我们要讲孝道在他身上表现的力量。刚才讲的让梨的故事，按照传统文化来说是"悌"，属于广义的孝道。

那么对于狭义的孝呢？孔融也有表现。这一年，孔融16岁，家里来了一位客人，他把这个客人迎进来，两下交谈，发现这个客人是朝廷追捕的钦犯，名字叫张俭。张俭得罪了宦官，得罪了皇帝，亡命天涯，跑到他们家来，希望能被收留。但人家张俭不是要找孔融，孔融那时候还没有成年，找的是他哥哥孔褒。然而不巧，这一天他哥哥不在家。这就让张俭很为难：到底我在孔家隐藏起来合不合适？如果我呆下来，给这家带来的压力和危险是可想而知的。这个十几岁的孩子能承担这个吗？想到这里，他就开始犹豫，想走了。孔融看在眼里，坦诚地对他说，虽然我哥哥不在家，可是这件事情我是可以做主的，你就在这儿呆着吧，你是大名鼎鼎的天下闻名的义士，我心里敬重你，在我们家住下来，没关系。在孔融诚恳的挽留下，张俭住下来了。后来，张俭又接着逃跑——不能住时间太久，一个地方住得太久，就会走漏风声。于是，他又开始了逃亡。然而风声还是走漏了，朝廷知道了孔家窝藏朝廷的钦犯，马上严厉追究这件事情。这个时候，他哥哥跟朝廷的人说，我在家里是长兄，张俭是来投奔我的，这个事情应由我来承担。孔融说，张俭来的时候，我哥哥不在家，是我留的他，这个事情应该由我来承担，跟我哥哥没有关系。办案人员就有点犹豫，到底抓谁呢？这个时候，孔融的母亲老夫人出来说话了。她说，这两个孩子是我教育出来的，他们做了错事，应当我来承担罪责，把我抓去好了。这就是历史上著名的"一门争死"故事。现在谁顶这个罪名谁就是死罪！这个事情震动了社会，震动了朝廷，结局呢？不像一般讲故事，讲到最后来个大团圆，最后没事了，皆大欢喜。事实上，朝廷真得追究下来了，结果把孔融的哥哥孔褒杀了。一门争死的故事，表现了这家人面对淫威、舍己为人的宝贵亲情，朝廷屠刀的落下，早就在他们的意料之中了。

再后来，孔融长大了，孔融这个人性格刚正不阿，小时候就懂得谦让，但是他不是内心没有原则的。后来呢，冒着天大的风险敢收留张俭，再后来他就到曹操手下来做事了。曹操不喜欢这个刚正不阿的人，找了很多借口整他，最后的借口竟然是宣布他不孝顺。利用这个借口，终于把孔融杀了。杀孔融的时候，孔融有两个孩子，男孩是哥哥，女孩是妹妹，这两个小孩在跟孔融告别时，孔融对逮捕他的人说，希望由自己一个人来承担罪名，不要殃及两个无辜的孩子。这个时候，儿子开口说话了：覆巢之下，焉有完卵！也就是说，鸟巢如果被打翻了的话，里面的鸟蛋就都碎了，哪里还有完整的鸟蛋啊！意思是，不要求他们，我们是不会有好结果的。果然，曹操派人来抓这两个孩子，抓的时候这两个孩子正在游戏，后来妹妹对哥哥说了这样一句话：如果咱们死了之后要是就能见到爸爸，那就是最快乐的事情了，这不是很好的事情吗？所以这两个孩子，是带着对父亲的那种思慕，走上人生最后历程的。这一幕，在历史上就定格了。我们想一想，这个家族，当年让梨的那个孔融，他受的教育是他母亲对他的教育，一家争死。最后他的一双儿女是这样的一个结果。我要说什么？我要说，这家人一直是讲究孝道的，可是这家人有没有力量？相当有力量。让梨的孔融跟就义的孔融是一个人。所以，我们不能说孝道仅仅就是一个人表现得只为了保护自己，很懦弱。不是这样，它有一种动人的精神力量在里边。

孝道是中华民族的传统美德，在现代社会中，很多年轻人在日常生活中也能做到对长辈尽孝。但他们自己在面对生活中种种的不如意，面对一些竞争压力的时候，有时会做出伤害自己的不理智行为。而两千多年前的孔子，也曾对这种事情有过自己的看法。那么，他是怎么说的呢？孔子的看法，在今天还有意义吗？

六、爱惜生命就是"孝"

一个人一生，不见得完全都是一帆风顺的，有的时候有些人会对自己丧失信心，就没有那种朝气蓬勃的状态了。有的人会自残，有的人甚至会自杀，这种事古往今来都有。这个事情按照我们传统社会的要求来说，是不合适的，这就违背了孝道，损害了我们神圣的生命。

那么究竟是怎么样的一种心理状态，会促使这些人这样做呢？孔夫子对这件事情有过分析。孔夫子说，这事归根结底是出于当事人一时的糊涂。这个糊涂，表现为人的一种强迫性的心理。孔子的原话是："一朝之忿，忘其身，以及其亲，非惑与？"（《论语·颜渊》）什么意思呢？意思是说，一下子冲动起来，就把生命、安全、自己生命的宝贵价值全都忘了。"以及其亲"，是说把自己的双亲也全都忘了，这是最糊涂的一件事。尽管那些狠心自残的人，都有自己不得已的原因和苦衷，但是，我要说，以至亲的名义，以生命的名义，请你再坚强一点。生命是珍贵的，我们不能因为一时的过激心情，就否定了充满希望的未来。再坚强一些，再坚韧一些，也许就在我们与厄运僵持的时候，前方就出现光明了。

一个人从生下来要爱护自己的身体，那么再要到社会上去服务于社会各个阶层，最终他要完成自己的人格。孔子讲，这是什么？这是一个人始于事亲，中于事君，终于立身。那么前面这个"中于事君"，是这个人在青壮年在中年时候。最后这个"终于立身"，是说到最后，到终点，我们对自己的生命才算是有了一个交代。

可是，说到这儿，我还有一个意思要讲，就是这不是个人的问题。我们曾经讲过，一个人他上面是有父母的，父母再上面还有列祖列宗，那么他往下走呢？还有无穷无尽的后代。所以一个人行孝道，不仅仅是自己的问题，还关系着整个家族的荣誉，影响着后代子孙的命运。那么，这个家族怎么样能够发展得更好？怎么样算是维护了家族的荣誉？这个问题我们下次再讲。

【坛下独白】

这一讲谈到了儒家课堂的规矩。我是个教师，在读到《孝经》中曾子和孔子对话的时候，出于职业的敏感，我特别注意到了他们师生之间的礼仪，并深有感触。通过礼仪表达彼此交往，是中华文化发展到高级阶段的标志，这个标志性时期就是中国历史上的礼乐文明时代。孔子好古敏求，但对他而言不是越古就越好。相对于夏、商二代，孔子特别钟情的是周代礼乐文明，所以他才说"周监于二代，郁郁乎文哉！吾从周"（《论语·八佾》）。意思是周代充分借鉴、继承了夏、商二代的文明成果，发达兴盛，我认同周代文明。周代文明，也是德国哲学家雅斯贝尔斯所说的人类轴心时期的文明。可见这一文明的重要性。虽然在孔子的时代已经礼崩乐坏，遵守礼仪的人越来越少了，但其流风余韵我们仍能从孔门师生应对中明显地感觉到，孝道在这个氛围中得以讲授、传承是很自然的事情。我常认为，一项重大的教学内容，一定要有与之相匹配的教学方法，当我们要表达一种神圣的价值观念的时候，因为必要的礼仪的缺失，往往会力不从心，最终也达不到预定的教学效果。近代教育自然有它的成绩，但也有不足之处，缺乏或忽视礼仪教育，不能不说是其中的一个不足。在我们鼓励活泼、提倡个性发展的同时，我们似乎也不该忽略对青少年的神圣感、庄严感的培养，这些对健全人格的养成都很重要，不可或缺。学校是这样，家里其实也是这样。我接触过很多家长，很多家长对孩子都有"养而不能教"的苦恼，一味地溺爱，使得孩子缺乏起码的礼貌常识。进一步考察，我尴尬地发现，原因往往就出在这些家长身上——他们本人就不大重视或懂得礼仪。这个问题要想解决，大概得从两方面入手：首先，无论是老师还是家长，都要懂得礼仪的重要，并具备一定的礼仪修养；其次，家长们主要要通过身教（光言教根本不够）把礼仪教给孩子们。亲人和师长做到了这两点，才有可能培养出彬彬有礼、自尊自爱的下一代。现在有些企业、事业单位用《弟子规》培训员工，要他们从最基本的生活礼仪开始学起，根本用意就在于弥补成年人礼仪修养的不足。以成年人的身份弥补孩提时代缺失的教育，不怕耻笑，这需要很大的勇气，值得人们钦佩。

这一讲里我也着重提到了曾子其人，在孝道方面，中国历史上除了舜帝，大概就属他有名了。除了传承孝道以外，曾子说过"吾尝闻大勇于夫子"（《孟子·公孙丑上》），可见他在有意识地传承孔子的勇敢精神。

曾子在儒学发展历史上，也是一个值得特别重视的人。他有个弟子叫子思，就是孔子的孙子，而子思的再传弟子就是孟子。这一派的儒者，被后人称为思孟学派。其实，这个"学派"二字很不准确，至少不是现代人熟悉的学术研究，如经济学上的维也纳学派、建筑学上的芝加哥学派，而是以传播忠、孝、仁、义为自己志业的一个特殊群体，如果一定要用西方的概念来描述，与其说他们是一个"学派"，不如说他们是一群"圣徒"。从曾子流传下来的言语多体现阳刚、厚重、坚毅风格这一点来看，他培养出了孟子这样"至大至刚"的后学，应是十分自然、合乎逻辑的事情。而所谓儒家的门风，我们因此也可窥见一斑。曾子的阳刚、厚重、坚毅以及他的孝行，总是给人留下深刻的印象。同时，他也是一个倡导宽容（忠恕）、自省（三省吾身）的人，儒者誉他为"宗圣"（效法孔子），是有道理的。

这一讲我还提到了孔融。一般人大多是从《三字经》了解孔融的，让梨的故事家喻户晓。孔融在现代读者眼中，是个总也长不大的四岁孩子。其实，孔融值得我们了解的事情还有很多（以下事迹皆出于《后汉书·孔融传》）。除了在节目中我谈到他是一个讲求忠义的人，他还有洒脱、亲切、奖掖人才的一面。他平时很好交朋友，也能注意各地人才。早年，他曾经担任北海相（因此后来的学者也叫他孔北海），当时黄巾军攻城略地，震动天下，各州、县的长官都惶惶不可终日。此时的北海郡是战略要地，孔融到任以后，意气风发，组织士民练兵，同时派人联系附近的州、县，准备联合抵抗黄巾军。第一战，黄巾军头领张饶领兵20万攻打北海，孔融毫不含糊，率部迎敌，大概他军事指挥才能不像他文学方面那么突出，结果被黄巾军打得大败，带残兵败退到了朱虚县。这时候，他施展了自己的特长——抓文化建设（立学校、表彰儒术）。可是，这是战争时期，文化建设固然重要，却解不了燃眉之急。最终他被管亥率领的黄巾军包围了，生死之际，他想起了一个人——刘备。刘备是个人才，他大概早就留意了。这时正好骁将太史慈回家看望母亲，而他的母亲就在孔融的管辖境内。平时孔融礼贤下士，访贫问老，对太史慈的母亲非常尊重、照顾。老夫人对太史慈说，孔融这个人对我们关照有加，现在你一定要帮帮他。于是，太史慈主动请缨，孔融就请他去平原县找刘备搬兵。太史慈果然杀出了重围，见到了刘备。刘备这个人出身低贱，一直被人瞧不起，郁郁不得志，这时候听说大名鼎鼎的孔融孔北海居然找到了身份卑微的自己，简直是出乎意料，他脱口而出："孔北海乃复知天下有刘备邪！"意思是，孔融居然还知道天底下有我刘备这么一个小人物啊！于是马上发兵。孔北海没有看走眼，刘备毕竟不是等闲之辈，他的兵一到，立即打散了黄巾军，解了围。孔融的这种"爱才"作风是终身的，不是临时做秀。晚年的时候，听说哪个人有优点，他就很高兴，仿佛那些优点是他自己的一样（闻人之善，若出诸己）。他也不是一味地赞扬人，有时候也批评人，但他批评人都是当面批评，背后又常说人的长处。久而久之，天下的精英都打心眼里信服他，他隐然成了青年人的领袖。他自己也说："坐上客恒满，尊中酒不空，吾无忧矣！"他的这种做法，很遭掌权者的忌恨，曹操不会让他无忧的，终于找了一个牵强的借口把他杀了。一生真诚待人的孔北海死了，尸体没人敢收。他的朋友脂习（字元升）平时也曾劝过孔融要收敛一些，但此时他却不顾杀头危险，扶尸大哭说："孔文举（孔融，字文举）舍（离开）我而死，我何用生为（还活个什么意思）！"读史到此，不免一叹：有友如此，亦可以见孔北海平生为人矣！

第三讲

家有家风

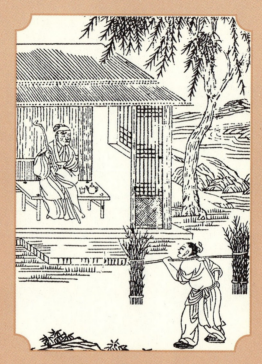

啮指心痛

　　描绘了曾母倚门翘盼，情急啮指，而采薪山中的曾参忽感心痛，赶回家中向母亲询问原因的情形。表现了骨肉情深所产生的心理感应。

在现代社会，人们都很重视对孩子的教育，那么，在家庭教育中，如何培养孩子养成良好的家风呢？在中华文明几千年的历史上，有很多以孝道闻名的繁荣昌盛的家族，这些家族在家风的培养上，可以给我们提供什么借鉴呢？现在为您讲述第三讲：家有家风。

中国历史上有很多大家族，比如魏、晋时期的王家、谢家。他们依靠政治地位，拥有了显赫的名声。但时过境迁，这些家族很快就衰败下去了。有一首诗说"旧时王谢堂前燕，飞入寻常百姓家"，正是这些家族兴衰历史的写照。但历史上还有一些家族，他们遵守《孝经》的准则，以孝义传家，历经岁月的变迁，依然繁荣昌盛。比如历史上的江南郑氏家族，历经宋、元、明、清，依然绵延不绝。那么，这样的家族，他们是怎样遵守孝道的传统，他们又是怎样培养良好家风的呢？而时代发展到今天，这些传统的家庭教育，还有价值吗？

一、遵守孝道的最高理想

一个人是否遵守孝道，其实不只是个人的事情，而是整个家族的事情。

针对这个问题，孔夫子继续对曾子说："立身行道，扬名于后世，以显父母，孝之终也。"（《孝经·开宗明义》）我把这句话翻译一下：孔子讲，一个人为人处事、恪守道义、留清名于后世、彰显父母的美名，这才是遵守孝道的最高理想啊。

讲到这儿我们有个疑问，我们要彰显父母什么？是显示父母的财富吗？是要让人家知道我家里多么多么有钱呢？还是我们家里多么多么有权？是这些吗？孔夫子接下来给出了答案，孔夫子引用了《诗经》中的一句话，叫做"无念尔祖，聿修厥德"（《孝经·开宗明义》）。什么意思？就是你要经常地想起你的祖先，要继承他们的品质、他们的德行。孔子还有一句带有告诫意味的话，孔子说了，"修身慎行"（《孝经·感应》），就是说要注意修身，注意你的言行。为什么这样做呢？"恐辱先也"（《孝经·感应》），意思是不要因为你的言、行玷污了祖先，玷污了家族的荣誉。孔夫子的这番教导，在我国历史上，对很多的家庭影响巨大，很多家庭传承家风，不是靠财富，也不是靠政治地位，靠什么？就靠这个孝义传家。传多长时间？有的一传传十几代人，十几代人大家住在一起，一传几百年过去了。

这样的家族了不起，这样的家族在我国历史上也不少。这样的家族，我们中国人给他起了一个名，两个字——"义门"。"义"是孝义的意思，"门"呢？是指整个家族。义门，是说这个家族有孝义的门风，或者说这是一个讲求孝义的家族。历史上有些家族的影响非常大，比如说，浙江浦江的郑氏家族，也叫义门郑家。说起这个大家族，我们要知道它是什么时候开始团聚成一个大家族的、要求家族成员要聚在一起、每一个家族成员要致力于家族的发展、发扬光大门风的呢？时针指向南宋初年。这时，郑氏家族出了一个人物叫郑绮。郑绮这个人自己文化程度也不是太高，也没有什么社会地位，可是这个人很孝顺，他对母亲很好。有一年大旱，赤地千里，母亲正好还赶上生病。为了调养身体，郑绮的母亲想要喝溪水。望着龟裂的大地，上哪儿找溪水去呢？郑绮很孝顺，不知道拿什么工具开始不顾一切地到处去刨溪水，去找水源。刨了很深也是没有水，最后，精疲力尽的他绝望了：水大概是不会有了，母亲的病也好不了，想到这里，他嚎啕大哭。正哭的时候，据说水忽然间就来了。当然，这是一个传说。这个传说说明了什么？说明郑绮是一个孝子，他的孝心感动了天地。至于怎么解释郑绮哭了之后就有水这个问题，我想，一是这个结果本身就是虚构的，二是可能是各种偶然的原因又有水了。但仅因为一个人痛哭流涕就引来了溪水，显然是不可能的。传说归传说，事实是这个孝子郑绮后来把整个家族都拢到了一起，一代一代传承孝义的家风。这个家族内的人，认为郑绮带了个好头，他就是孝顺的人，这个家族内部从此很注意培养道德风气。郑家传到了第四代有哥俩，一个叫郑德珪，一个叫郑德璋，郑德璋是弟弟，郑德珪是哥哥。哥哥被人家诬陷，告到官府去，有死罪，弟弟要跟哥哥争着入狱，他想把哥哥替出来。在他采取行动还没有效果的时候，他哥哥就死了。然后呢，他决定不论付出多大代价，也要把哥哥的后代抚养好。他对待这些侄子、侄女，真正做到了视如己出（当做自己的亲生孩子一样）。此后，这个家族更注意成员之间的相互团结了，一代一代又一代，郑氏家族就这样延续下来了。传到什么时候？传到了明朝洪武年间。

二、朱元璋的孝道

朱元璋一直都很注重孝道，这方面大概另有理由。朱元璋从小的时候就孤苦伶仃，他的父母去世很早，家里很穷，连安葬父母的墓地都没有，也买不起棺材。朱元璋非常羡慕那些充满温情的大家族，这几乎成了他一个难解的情结，而江南郑家大概此时在他耳朵里早就灌满了。他称帝以后，把统治区域内的孝义之家（义门）都请到京城来了，还特意吩咐要江南郑家来说话。郑家的家长叫郑濂，由他来接受朱元璋的接见。朱元璋对郑濂说，天下的孝义之家，尤其是江南一带的，你们家居首。后来因为朱元璋这句话，人们遂称郑氏为江南第一家。不仅赞扬，朱元璋还要给郑家题字。他想题个"孝"字，"孝"字怎么写？上面一个"土"字，朱元璋把笔拿起来，先写了这个"土"字，写完，朱元璋发现这个字写得很淡，原来是毛笔上的墨汁蘸得少了，再往下写不好看。于是就把笔往墨里蘸浓了一些，又写了一撇和下面的"子"字。这个"一撇"和"子"字，可是笔酣墨浓，显得格外厚实。在整个写字的过程中，朱元璋还吟出了两句诗。朱元璋不是出身贫寒、没受过多少教育吗？他真的会作诗吗？当然会。朱元璋虽然早年失学，但自从他举义旗反元以来，战事之余，他就抓紧时间，虚心向身边的儒者、谋士请教。他的身边可是名人荟萃啊，像宋濂、刘基等人都是学问广博、才华横溢的顶级学者。由于个性勤奋、好强，不长时间，朱元璋已经算是粗通文墨了，而作诗也成了他的业余爱好，时不时自己就写一首。大概也是诗如其人吧，他的诗不拘一格，比一般酸腐的文人作品格调高多了。此时，朱元璋发现他随手在写这个"孝"字，上边的"土"字写得很淡，下面的"子"字是蘸浓墨写的，显得很厚重，他作诗的灵感一下子就来了，随口吟道："江南风土薄，惟愿子孙贤。"第一句因淡墨的"土"字而起，一语双关，既是在说江南的土壤，也是在说民俗风气。此时是乱世，天下动荡不安，江南一带更是盗贼风起、民不聊生。第二句因重墨的"子"字而发，寄希望于百姓的家族建设，希望他们能够恪守孝道，教育好后代，改变当地的社会风气。这句诗是针对郑家，其实也是朱元璋对皇室的祝愿和期望。

　　我这个猜想大概是有道理的，因为此时朱元璋已经开始给自己的皇太孙朱允炆物色老师了。为了物色到最优秀的老师，朱元璋让天下24家义门（孝义之家），每一家选出一个人来，共选出了24人，最终再由这24人中选出一人为皇太孙的老师，真可谓优中选优了。选来选去，朱元璋对江南郑家还是情有独钟，最终选中了郑家的代表，这个人叫郑济。朱元璋特意召见他，特意嘱咐他：我请你教我的孙子，可不是要你教他什么法律知识。秦朝的时候，秦二世胡亥的老师赵高就是专教他法律的。学这个东西，不外乎怎么治人，怎么管人，怎么整人吧，朱元璋可不愿意他的孙子学这些。他明确地告诉郑济，你要给我孙子讲你们郑家作为几百年的大家族，你们家族为什么过得那么好，你们为什么能够其乐融融，你们家族人和人之间、长辈和晚辈之间为什么会有那样一种亲情和温暖，你一定把这个给我讲出来，这是我选你为皇太孙老师的主要目的。还特意叮嘱郑济，如果有重要的内容要讲，你不要考虑时间是否合适，你可以不分白天黑夜，想什么时候讲就什么时候讲，也可以日夜不停地讲。就讲你们家怎么怎么达到今天的地步，让皇太孙就跟你学这个。朱元璋的这些话，反映了他此时最殷切、最真实的心情：他是多么迫切地希望子孙后代能够重视人伦亲情、和睦相处，大明皇族能够根深叶茂地长久发展下去！

　　江南郑氏家族以孝义传家，受到了明朝开国皇帝朱元璋的重视，朱元璋多次接见郑氏家族的人，并对郑氏家族的人委以重任，一时间郑氏家族朝野瞩目，飞黄腾达。但天有不测风云，郑家人虽然洁身自好，以孝行为重，但最后还是卷入了朝廷的是非中。那么，以孝道闻名的郑氏家族，会面临怎样的命运呢？

三、江南郑氏家族的孝道

不是有那么一句"福兮祸之所倚"的话吗？荣耀的郑氏家族，灾祸也马上随之而来了。什么祸事呢？郑家牵扯到了当朝的天字第一号大案。这可不是一般的案件，什么案件？谋反！谋反的主要人物是胡惟庸。胡惟庸案是明朝初年的大案，朱元璋处理这个案子可是绝不手软，前后三万多人为之人头落地。被处死的人群中光是高官就杀了一个公爵、二十一个侯爵，其中包括太子朱标的老师宋濂的儿子。宋濂本人本也在死刑名单里面，幸亏贤德的马皇后出来为宋濂说话，说人家老百姓家请个家庭教师，都对老师那么尊敬，都能做到善始善终，为什么咱们皇家对老师要这么刻薄，动不动就杀头呢，我们难道还不如一般的百姓人家懂得礼数吗？朱元璋最能听得进去马皇后的话，这才算是压住了火，没杀宋濂。整个胡惟庸案是朱元璋亲自抓的，他用的可以说是异常严厉的霹雳手段。有人这样讲，只要你跟胡惟庸案件沾上边儿，就别想活了，朱元璋不问青红皂白将这些人一律斩首，连诉冤的机会都没有。案件的调查证据表明，江南郑家确实被牵扯进了胡惟庸的造反案。证据如下：胡惟庸与郑家曾有经济往来，并有三千贯钱放在了郑家。这三千贯到底是多少钱？我算了一下，大概相当于当时的三千两银子。这个案件报上去后，牵扯进这个案件的人基本上都是家破人亡，很多人认为这次郑家的好运到头了。此时此刻，郑家知不知道自家卷入了胡惟庸案？当然知道了。郑家现在的负责人就是那位接受朱元璋题字的郑濂，他还有一个弟弟，叫郑湜。郑湜和郑濂这兄弟两个人发扬他们郑家的传统——郑家第四代祖先不是争死吗？现在这哥俩儿感觉大祸临头了，为了保全兄弟，也开始争着代表家族被皇帝砍头了，希望此举能够使家族得以保全。这个消息很快传到了朱元璋的耳朵里，一贯主张刚猛治国的

孝
里
有
道

46

他，竟然一反常态，宣布赦免郑氏家族。这究竟是什么原因呢？原因就是因为郑氏兄弟在争相赴死吗？或许有这个因素，但这不是最主要的，朱元璋可不是婆婆妈妈的人，真正打动朱元璋的另有原因。这次朱元璋特意叫人把郑濂带来了，朱元璋当面跟他讲，你们家族被赦免了，为什么呢？因为你们家是受害者！不仅没参加谋反，相反，还是受害者。从谋反者到受害者，这个弯子一般人是转不过来的。朱元璋自有他的道理。朱元璋说了，胡惟庸在你们家放了三千贯钱，你知道胡惟庸是什么目的吗？你看，朱元璋已经给他设计目的了，一般来说，办案人员办到这儿，需要当事人自己来解释清楚，可是作为主审官，朱元璋已经替当事人考虑好怎么回答了。朱元璋说，这背后有原因，什么原因啊？一般人想不到，只有朱元璋能想到，那就是胡惟庸要让这三千贯钱生利息。动机是胡惟庸早就垂涎你们这个大家族了，通过利滚利，最终把你们家族财产据为己有。胡惟庸要霸占你们家的一切，连你们家用的生火工具最后都要被他抢过来！朱元璋的这个案情分析可够离奇的。胡惟庸作为丞相，按朱元璋的说法还志在谋反，人家怎么会看上郑氏家族的财产？就算是看上了，也没必要采用这种拙劣的办法——往郑家放高利贷啊！但是朱元璋大概觉得这个郑氏家族是值得霸占的，他心里对郑氏家族真是当回事啊，所以他以为胡惟庸大概也是这么想的——这是一个阴谋啊，朕看出来了。你们看，他把钱放到你那儿，你觉得没说什么，实际上就是要生高利贷。我及时发现了这个问题，制止了你们家被骗，你们家不仅仅没有参与谋反，而且还是受害者，当然要宣布无罪。不仅如此，朱元璋话题一转说，你们郑氏家族能人挺多，你再给朕推荐几个，朕还要重用他们。介入了谋反这种大案，没有被追究，已经是破天荒的奇遇了。朱元璋什么性格？性格暴戾，以猛治国，但是对郑家真是和风细雨，郑氏家族不仅没有得祸，反而得福，家族立马列了一个名单，又推荐几位家族成员，报给了朱元璋。果然，推荐出来的这些人都被朱元璋委以重任，那个要跟郑濂争死的兄弟郑湜，就直接给派到福建当布政司（福建最高的民政长官）去了。

朱元璋去世了，太孙朱允炆继位，发生了"靖难之役"，朱元璋的四皇子燕王朱棣篡权，最后打进来了，杀了很多忠于建文帝的大臣，一时间气氛恐怖、血腥。这次朱棣打进来，也面临一个问题，怎么处理这个江南郑家。为什么？因为江南郑家参与了对他的抵抗——别忘了，江南郑家是皇太孙的老师。郑家家里据说有10个大柜，非常大，其中5个柜里面全都是兵器，随时准备拿来保卫建文皇帝，跟燕王朱棣拼命的。朱棣打下天下之后，对那些反对他的人可以说是赶尽杀绝，用的手段非常残酷，历史上都罕见。江南郑家也在涉嫌的名单里，据传郑家还有一人跟建文帝一起逃跑了。江南郑家涉入政治如此之深，可是在处理的结果上，又让大家感觉出乎意料。燕王朱棣，也就是后来的明成祖，直接颁布命令，赦江南郑家无罪，郑家又一次从死神手里挣脱了出来。郑家之所以能够被明朝的两代皇帝特殊照顾，大概主要是因为这个家族的道德地位。对于这种地位，皇权是要格外关照的。从朱元璋角度来说，对郑家一直非常羡慕，明成祖朱棣也是这样。这种关照的原因，主要是出于政治上维护伦理道德的考虑，而他们自身对这种兴旺繁盛的大家族的向往，恐怕也是一个非常重要的原因。虽然皇帝掌握着至高无上的生杀予夺权力，但皇族能延续多长时间？有的几十年，短的十几年，像秦朝，统一之后才14年，就灭亡了，有的长一点上百年。皇室成员之间总是充满着刀光血影的争斗，能享受天伦之乐的皇室根本没有！可见，你掌握了最高权力又怎么样呢？权力保证不了你家族的和睦平安！所以，明朝的皇帝对江南第一家郑氏家族是非常羡慕的，这是一种补偿心理在起作用。因此，表面上看是皇帝法外开恩、超越常理地保护郑氏家族，实际上他们是在延续他们心中的一个可望而不可即的梦，有郑家存在，他们就感觉还有希望。

江南郑家卷入了朱元璋时期的胡惟庸案，以及燕王朱棣篡位这些历史大事件中，但郑家却在接连的血雨腥风中保全了下来。这除了统治者出于维护孝道的考虑，以及郑氏家族的家长以身作则之外，还在于郑氏家族制定了一个行之有效的家规。那么，这个家规都规定了什么？它的哪些内容，我们今天依然可以借鉴呢？

郑家的确也有卓越、独到的家族文化值得重视。这个家族留下了一个文献叫做《郑氏规范》。《郑氏规范》一共有168条，是郑氏家族的家规汇编。这168条，当然不是一时间由一个人在那里苦思冥想写出来的，它是经历过多少代人，大家一条条往上凑，最后形成的这样一个家规。几百年，大家做人处事都遵守这个家规，维护了家族的荣誉，《郑氏规范》才是真正保障郑氏家族源远流长、健康发展的一个根本原因。

这168条《郑氏规范》，我们因时间的关系不能条条都讲，只能择要地看一看里面对我们今天的读者、观众仍然有启发的内容。

《郑氏规范》中有一条，规定郑家的男女青年，无论是找婆家还是找媳妇，一定要看对方的道德人品，不能光看对方的经济实力。这样的大家族，如果要是外来成员的操守有问题的话，势必造成骨肉之间的不和，矛盾冲突不断，最终这个大家族离四分五裂就不远了。要保持郑氏家族一贯的孝义家风，除了坚持不懈地教育本族成员以外，如何同化外来的成员也是个难题。郑家这种择偶不求门当户对、但求道德人品可靠的做法，体现了他们富有深度和远见的婚姻观。恪守这个婚姻观，是家族和睦的关键，是保证郑家能够绵延几百年，最后形成了三千多人聚族生活的重要原因。

除了婚姻观以外，这个家族还规定，对待所有的家族成员要一视同仁。庞大的家族有主干也有支系，家族里有的支系由于种种原因，经济条件、生活境况不如其他的支系，那么在过节的时候，包括婚丧嫁娶的时候，就要由整个家族给他们以经济的援助。所有的家族成员，都有义务帮助相对贫困的其他成员，不能允许家族内部哪一支因为经济的原因日子过不下去。这个规定，增强了家族的亲和力和对家族的认同感。

还有呢，就是这个家族规定所有的人，都要奉公守法，尤其是那些出去做官的人。如果发现有哪个成员贪赃枉法，家族一定要做除名的处理：开除此人。因为家族不再承认此人为家族成员，此人死后就没有资格埋进郑氏的祖坟。在传统社会里，这种开除，虽然不是法律角度的强硬制裁，而是从亲情的角度表明的态度，但对一个人确有特殊的威慑力。这一条看来郑家执行的比较认真彻底，有人统计，经过宋、元、明、清四代，郑氏家族一共出了173位高官，没有一个是贪官。

我们对于这个家族说了这么多，都是纸上的规定，实际生活中，这个家族是什么样子呢？我们可以通过文献资料的记载，仿佛进入时间隧道一样，看一看几百年前江南第一家的生活。

黎明之时，这个家族敲四声钟，四声钟响过，全家族的人都要起床，不允许有偷懒的。然后就是梳洗打扮。响八声钟的时候，所有的人都要聚集到祠堂里面来，宣告一天的开始。由家族的族长，也就是家长，来宣读家族的《家训》。这个族长对全族的人会说，"爱子孙者，遗之以善；不爱子孙者，遗之以恶"（《《郑氏规范》》）。意思是说如果真的爱惜我们的后代，就要把善良的品质传下去。反过来，如果你不爱我们的后代，就把不良的习气传给他们，我们这个家族就没有希望了。每天都把大家聚到一起讲这个，对这个家族影响很大。这个家族平时到处可以感受到尊老爱幼的风气。家族的成员都要辛勤劳动，没有人享有特权可以不做事。但是，对待老人另有规定：60岁以上的家族成员就不劳动了，什么也不用干了，一切事都让青壮年的晚辈们去做。

这个家族的存续和发展，对当时的社会风气影响非常大，在一定程度上起到了移风易俗的作用。

我在讲这类家族事迹的时候，有些朋友包括一些学生的家长，也跟我探讨这个问题。有的人说，这个家族很好，这样的风气我也很羡慕，但是毕竟已经历史久远了，如果现在我要是这样做的话，会不会有副作用？比如说我这样培养出来的孩子，是不是不太适应某些比较恶劣的现实环境？这孩子会不会吃亏？经常会遇到这样的问题。要不要学这样的家族？

家长们的担心不无道理，毕竟郑氏家族离现在已经有些遥远，而且郑家还受到诸多皇帝的特殊垂青。这也许是一个家族的特例吧？那么，时间发展到了现代，这种传统社会里的家族文化，还能适用吗？

四、曾国藩的孝道

举一个例子，这个例子也是一个大家族，这个家族当然没有郑氏家族那么历史源远流长，似乎影响也没有那么大。但是这个家族对我们近代的中国人来说却是很熟悉的，这个家族就是湖南湘乡的曾氏家族。这个家族著名的人物曾国藩，是晚清的重臣。曾氏家族阖族而居，可不是从曾国藩这一代开始的。按他的回忆，是从祖上几代延续下来的。他爷爷少年失学，但人很勤奋。他父亲是读书人，但没有什么显赫的功名。到他这一代，才开始发达了。可是，就在他即将进北京做官的时候，他的爷爷告诉整个家族，说宽一（这是他的小名）要到北京去做官了，可是我们曾家不能因他做官而改变，曾家的家风不能改，还是要朴实，还要跟以前一样。所以，后来曾国藩做了大官，开始影响家族的时候，他特意强调，家族里成员，尤其是青少年那些孩子们，不要给他们那么多钱，不要衣服左一套右一套那么多，这些都可能助长孩子的奢侈之风。这说明，在培养孩子生活习惯这方面，曾国藩是认真严格的，所以尽管他位居高官，子女做人都很低调，不搞铺张。曾国藩本人是学问渊博的人，又特别重视对子女的教育。

曾国藩有两个儿子，大儿子叫曾纪泽。曾纪泽小的时候就很聪明，曾国藩一看这个孩子玲珑剔透、聪明过人，什么事情一点就明白，他不但没有欣喜，反而有点忧虑了。不像有些家长一看孩子这么聪明就非常高兴，他不是。他觉得，这个孩子气质中，缺乏一种做人的更根本的内容。什么内容呢？就是敦厚。一个男子，要有一种敦厚之气，如果只是聪明过人，缺乏一种更健壮的精神，他感觉这个孩子将来不能自立。所以他一再跟这个孩子讲，你要注意，包括你的说话、举止，要注意养成一种厚重的风格。这个孩子呢，后来果然遵照父亲的教诲长大了，也成才了，成了中国历史上著名的外交家。晚清的时候，由于国力贫弱，中国外交方面是乏善可陈，很多不平等条约都在这个时候签订的，而曾纪泽在新疆签的《伊犁条约》，尽了最大的力量维护了国家的合法权益，真是难能可贵。曾纪泽后来持重、坚毅的作风以及事业上的贡献，应该说是跟曾国藩早期的培养是密不可分的。

曾纪泽的弟弟叫曾纪鸿，性格又不一样，他喜欢数学。曾国藩就鼓励他，喜欢数学也很好，不一定非要去做官，就做你喜欢的事情好了。当看到曾纪鸿对数学异常投入，曾国藩提示他，你也不要用功太苦，好像是要殚精竭虑，要把自己所有的力量都使出来的意思。曾国藩说，不必这样。那要怎样呢？曾国藩告诉他要劳逸结合才能持久。这种说法非常符合现代教育学的原理。所以，曾国藩培养孩子，培养有厚重的精神，厚重的品质。还有就是要按照自己的兴趣去做事。生活上仍然继承了他祖父树立的朴实家风。可以说曾氏家族，经历了中国近现代史上的好多社会转型：由清朝到民国，再到新中国成立，一直到我们今天的改革开放。但并不像有些家族，靠一些外在的力量，一旦情况有变，这个家族就成了过眼云烟，烟消云散了，曾氏家族，是在各种转型时期始终都能做到人才辈出。

这个家族的家族文化的影响力，今天仍然为我们所称道，《曾国藩家书》在书店里一直长销不衰，一版再版。不同时代的人，都能在里面获得一种家庭教育的启发。

中国传统的家族文化非常重视孝道，以孝治家，培养孩子养成孝敬长辈、尊敬兄长这样一个良好的风气。但具体到实践中，家长们怎么做，才能让孩子形成良好的家风呢？这个问题不仅我们现代人关心，古人同样也关心。孔子就注意到了这个问题，那么，孔子在《孝经》中，是怎么谈这个问题的呢？

五、子女的孝道

如何培养一个良好的家风，这实际上是我们学习《孝经》，学习家族文化最关心的问题了。现代社会的很多人在探讨这个问题，孔子当年也注意到了这个问题。孔子特别谈到在一个家庭，父母二人在教育子女上要有分工。怎样分工呢？就是父亲要像父亲，母亲要像母亲。我们往往知道母爱的价值，这种伟大的感情一直为人所称道，但对于父爱，父亲该在家庭里面扮演什么角色？往往语焉不详，不太清楚。孔子认为，家庭里父亲的角色非常重要。孔子的意思是这样，父亲要在家庭里面多承担一些责任，按孔子的原话是"资于事父以事君，而敬同。故母取其爱，而君取其敬，兼之者父也"（《孝经·士》）。什么意思？具体说，父教——父亲的教诲有两个内容：一个内容与母教相同，就是主要体现为慈爱；另一个内容实际上讲的是"敬"，这更多的是一种社会责任。一个父亲要给孩子讲他面对社会该怎么做。所以，在我们中国古代社会里面，家庭内部父母是有分工的，比如管母亲叫家慈，讲爱啊。父亲呢，叫家严，父亲会严肃一点，会给你讲社会上的一些行为处事常识。在这不同的称呼里，实际上就表明了父母角色的分工。

也许有些人会说了，那时代变化了，应该怎么办？那没有问题，现在社会跟古代社会不一样，古代社会基本上是女主内、男主外的模式，而现代社会很多女士她有社会身份——女企业家、女政治家，这都是很普遍的，那就是母亲也同样可以给孩子讲社会教育这一部分。所以，在这里面强调的所谓的父教，还不完全是只有父亲能说，实际上强调的是一种社会教育的内容，只不过是一般的家庭，父亲在这一方面应当承担得多一些。

还有单亲家庭呢？那更是一样了。实际上，在中国历史上有很多单亲家庭在这方面做得也很好，比如说儒家的孔子、孟子。孔子、孟子两个人早年都是孤儿，父亲都去世得很早，两位伟大的母亲同样培养出了儒家的宗师，那么她们一定也给孩子讲了很多社会责任。就拿大家都很熟悉的"孟母三迁"的故事来说，家境窘迫的孟母，开始时把家安在了一个坟地的边上。孩子模仿力很强，在这个环境里，小孟子天天学人家怎么哭丧、怎么出殡，就学这些。孟母发现这种居住环境很不好，要搬家。这回搬到一个市场边上去了，市场吆喝的、做买卖的，干什么的都有，这回孩子又学会了吆喝，这也不好。最后又搬家，搬到学校附近。孟子在学校附近看到师生之间彬彬有礼，就学这些东西，这回孟母放心了。这个故事表明，社会教育的内容非常重要。过去批评一个孩子说"有所养无所教"，这个话说得很严厉，指的就是家庭教育的缺失。这告诫我们，家庭教育不是一味的爱而已。

讲到这儿，有的观众会产生这样的疑问，就是父教、母教固然重要，可是作为子女的就应当完全听父母的吗？父母做得就一定对吗？这个问题不仅我们有，曾子也有，曾子当时就要把这个尖锐的问题给孔夫子提出来。我们下一讲，要看看孔夫子是怎么回答这个问题的。

【坛下独白】

这一讲主要谈的家风问题。关于家风，我为家长朋友们做过系列讲座（国学与家庭教育）。首先要澄清什么是家风。家风是家庭或家族传承下来的精神传统，侧重在道德品质方面。明白了这个，就清楚了政治地位不是家风（这里不涉及政治本身的正确与否）——官宦世家未必一定拥有良好的家风；经济地位也不是家风——财富世家未必是道义世家；知识、技术、技能也不是家风——一定要上升为精神情操层面才算数的。这样一说，我发现很多家长的脸色表现得很迷茫。的确，现实生活中很少有家庭有自己的道德传统，尽管原因是多方面的，却是事实。

江南郑氏家族，无疑是一个在中国历史上屈指可数、拥有优良家风的世家。关于江南郑氏，大致的情况我在节目里都已经介绍了，需要补充的是，这个家族家风的形成和这个家族重视教育有很直接的关系。东明书院是九世同居的郑氏第五代祖郑德璋创立的，开始时书院并没有正式的教材，郑德璋之子郑文融自编教材《郑氏规范》2卷，这部《郑氏规范》我在节目里已经说过了，是郑氏家族自我约束的权威文本。同时，郑文融扩大了教学规模，造屋20间，学生也不仅局限在郑氏家族，还扩大到了附近地区。明朝洪武初年，郑氏家族请来了被明太祖朱元璋称为"开国文臣之首"的著名学者宋濂主持东明书院，自此书院发生了里程碑式的提升。这期间，由于宁海名人方孝孺入书院拜宋濂为师，东明书院的影响更为四方瞩目。这个过程中，《郑氏规范》日趋完善，由原来的58则、92则，最终发展到了168则。以《郑氏规范》为核心，以家礼为网络，通过祭祀礼、冠礼、婚礼、丧礼、日常礼仪等严格、系统的规定，使得家族成员的一切行为都有规矩可循。郑氏阖族三千余口人，同居共食三百六十余年，《郑氏规范》厥功甚伟。

　　节目中因时间所限，只简要提到了几条郑氏家规，实则《郑氏规范》值得我们借鉴的内容还有很多，仔细品味，对我们今天树立良好的家风不无启发。

鲁有孝贤子，闵损字子骞。父娶后母恶，严冬芦花絮。父误其情惰，鞭打芦花露。父怒欲休母，闵损跪求恕。车前留母在，三子免寒苦。

第四讲

孝的真相

亲尝汤药

　　讲的是汉文帝刘恒侍奉生母薄太后毫不懈怠的故事。为了照顾卧病在床已经整整三年的母亲，汉文帝常常衣不解带，放弃自己的休息时间。母亲所服的汤药，他都要亲口尝过，确认无误后才放心让她服用。作为皇帝的汉文帝如此孝行，实在难能可贵。

顾名思义，《孝经》是谈孝道的书，但孔子在《孝经》中说了一句话，却在历史上引起了轩然大波，到了清朝，甚至出现了《孝经》是否伪作的争论。那么，孔子说的这句话是什么？他又为什么要说这句话呢？

《孝经》是儒家的重要经典，在《孝经》中，孔子通过和学生曾参课堂问答的形式，为我们娓娓讲述了一个关于孝的主题。但在《孝经》中，孔子说的一句话，在历史上却曾引起了很大的争议，千百年来人们为此争论不休。到了清朝，甚至有人说《孝经》不是孔子所作，而是后人伪作。他们的依据就是孔子不会说出这句话。那么，孔子说的这句话究竟是什么？他通过这句话，他又想表达什么意思呢？

一、面对父亲的过错

我们知道，在《孝经》这部书中，孔子大力阐扬的就是孝道，他让子女要孝敬自己的长辈，要对他们表示敬意。可是接下来，也有一个问题，这就是长辈做的一切事情都对吗？长辈是十全十美的人吗？这个尖锐的问题在现实生活中很多朋友都向我提出过。这个问题经常盘桓在我们很多人的心中，不好回答。现在我们读《孝经》发现，正好曾子也想到了这个问题。他想到这个问题，有他自己的原因。我们知道，曾子的父亲曾点脾气不太好，不是有那么一次因为曾子锄地，把禾苗铲断了，他一怒之下把自己的儿子打昏了吗？可见这个父亲平时修养有点问题。这件事我们没有办法直接去问曾子：你是不是赞成你父亲的做法？你觉得你父亲是完美的人吗？但通过曾子向孔子的提问，我们大概能够推理出来，当时曾子的内心是有所压抑的，所以就当着老师的面，很大胆、很有勇气地把这个问题提了出来："敢问子从父之令，可谓孝乎？"（《孝经·谏诤》）意思就是说，请问老师，作为子女的一切都听父亲的，一切都听长辈的，无条件地服从，这是不是就是孝顺呢？这是压抑他心中已久的一个问题。孔子一听这句话，就火了！孔老夫子平时都是温文尔雅的，很少生气，很少发脾气，这次一听这个问题发了脾气。孔子立即回答说："是何言与，是何言与！"（《孝经·谏诤》）翻译成白话就是："这叫什么话，这叫什么话！"孔夫子很激动啊，给你曾子讲孝道讲了这么久，现在你却提出了这样一个问题：是不是一切事情都要无原则地听父亲的？怎么能有这样的念头呢？一切都听？这怎么可以啊！儒家讲，每个人要恪守孝道，那是因为什么？因为我们的长辈，他们是从祖先的链条、血缘关系延伸到今天的体现，这个链条离我们最近的就是父母。那么我们祖先又是从哪儿来的呢？是从宇宙（天）中来的。因此，我们要对浩瀚的宇宙怀有敬畏之心，对长辈也要满怀敬意和温情，这就是儒家的观点。现在我们知道了，一个人要孝敬父母是因为他们在传承生命的意义上的伟大价值，不是因为你的父母是十全十美，他做的什么事情都是对的。所以，孔子对曾子有这样的一个疑问感到很吃惊，马上用一个非常决断的语气说"是何言与，是何言与"：这叫什么话！这叫什么话！把他这个念头打住了。你这个念头是危险的，是错的。孔子接着讲，作为父亲，他可能会犯错误，人非圣贤，孰能无过？是人都会犯错误，有个别的父亲还会犯严重的错误，甚至犯罪都有可能。那么这种情况下，作为一个孝子该怎么做呢？孔夫子明确地告诉曾子："当不义，则子不可以不争于父。……从父之令，又焉得为孝乎？"（《孝经·谏诤》）就是说当父亲做事情不仁不义的时候，作为子女，一定不能沉默，要把你的意见说出来。如果你不去争，那算什么孝道？一味地服从，那不是孝道。不要一味地、无条件服从父亲，孔子这里说得非常明确。

说到这儿呢，我要讲一下，民间流传的一个说法说"天下无不是的父母"，这个"不是"恐怕是理解这句话的关键，不能把这句话理解为天底下的父母做什么事情都是对的。这个意思，孔子在经文中已经说得很清楚了。可是，历史上就有人对此怀疑，说这段经文不是孔子说的，是伪造的。孔子怎么能说这种话呢？孔子得让我们无条件地服从父母啊！怎么能让我们去争呢？这不可能！这是清朝的一些学者、一些考据家的观点，他们这样说也有他们的道理，也有他们的逻辑。这个逻辑就是，孔夫子是一个温文尔雅的人，说话很委婉，给人家提意见都很含蓄，他不会这么直接地表达自己的态度。另外，他们还有其他的依据，这个依据出自《论语》。《论语》中有这样一句话，叫做"事父母几谏，见志不从，又敬不违，劳而无怨"（《论语·里仁》）。这句话谈的也是当父母做事情欠妥的时候，作为子女的该怎么办的问题。孔子认为，这时候子女是可以提意见的。但是，他用了一个词"几谏"，"几"就是很含蓄、很微妙的意思，"几谏"，就是用一种很委婉、暗示的方式来表达你意见。"又敬不违"，"违"是违背，"又敬不违"，是说不要违背父母的意志。当你提的意见父母不接受，就只能再等机会，而眼下你还要顺着他们的意思去做其他的事情，不能既然你不听我的意见，索性我就什么都和你对着干了。"劳而无怨"，有不同意见可以慢慢提，但不要做事的时候怨气冲天，给父母脸色看。所以清朝的考据家就抓住这句话了：你看，这句话跟孔子在《孝经》中所讲的

"当不义，子必争于父"是矛盾的，所以他们认为，矛盾双方必然有一方是假的。众所周知，《论语》里记载的孔子的话是最直接、最可靠的，现在《孝经》里的话与《论语》有矛盾，那么《孝经》里面的孔子所言一定是假的了。

清朝学者的这个判断对还是不对？这对于我们来说很重要，这不是一个简单的学术问题，而是一个伦理实践问题，所以我们今天要把这个问题拿出来讲清楚。

他们的观点对吗？我认为一部分有道理。怎么讲？那《论语》中所说的"事父母几谏"呢？这是指面对平常在家庭生活中出现的并非大是大非的问题，我们向父母提意见要态度委婉、含蓄。在这儿，我们顺便说一下儒家的一个家庭规矩，这个规矩讲，作为子女，在家里面对待父母、长辈，有一个相处的原则，这个原则是四个字，叫做"有隐无犯"（《礼记·檀弓》）。何谓"有隐无犯"呢？就是作为成年的子女，在处理和父母的一些分歧的时候，没有必要把这些事情针尖对麦芒地、是是非非都谈得那样清楚，要"有隐"，有些事情就要含混地过去，不必提及。"无犯"呢，是指有不同意见的时候，我们不要把态度都挂在脸上，板着面孔，显得很严厉的样子，这个不好。有这样一句话，是我自己的学习心得，现在送给大家，叫做"居家是非勿太明"。居家过日子，家里的是是非非，不要太清楚了。不要动不动就对父母说：这个事情你错了，你承不承认？那个事情你又错了，你还得承认！家里不是一个关于是非的辩论场，我们每一个家庭成员不是因为先有是非的认同，才走到一起的，对于我们来说，首先是亲情关系，这是血浓于水的生命关系，我们要懂得珍视亲情，不能够动不动就把鸡毛蒜皮的小事上升到一个大是大非的原则上去，非得争出一个孰是孰非。从这个意义上讲，《论语》中所说的"事父母几谏"这个话是对的。但是，我们要知道，孔子在《孝经》中所讲的"当不义，子必争于父"也是对的，因为它针对的是极特殊情况，这正回答了曾子那个提问，是不是要完全、无条件地听父亲的？孔夫子说，不是，当不义的时候，你不要去听他的，要去争。我们仔细地分析这句话，注意"不义"这两个字，这可不是一般的事情。孔子讲过"不义而富且贵，于我如浮云"（《论语·述而》），什么意思呢？说这件事情如果是不合道义的，就不能去做，哪怕做了这件事情能让我飞黄腾达，让我有钱有势，也不会去做，我是一定要坚守道义立场的。关于"不义"，古代还有一句话，叫"多行不义必自毙"（《左传·隐公元年》），说一个人做不义的事情做多了，结局一定不会好，一定是悲惨的。那我们从这儿分析，知道"不义"是一个很严重的问题。由此可以得出结论，针对一般的事情当然要"几谏"，甚至可以忽略这些分歧，但对待"不义"的原则问题，一定要勇敢地提出意见，不可一味地服从。不考虑不同的语境，僵化地理解孔子的话是不足取的。

　　长期以来，我们认为孝顺父母，就是顺着父母的心愿去做事。但孔子的答案，为我们还原了儒家孝道的本来面目，那就是当父母做错的时候，子女并不需要一味地顺从。在中国历史上，就有这样一个人，他没有听从父亲的命令，而是做出了另一种选择。这个人直到今天依然是我们所景仰的英雄。那么，这个人是谁呢？从他身上，我们可以学到一种什么品质呢？

二、郑成功的大孝

那么，在中国历史上，有没有认为父亲"不义"一定要跟父亲争的？有。这个人还是一个大名鼎鼎的人物，中华民族的民族英雄，这个人就是郑成功。那是在清朝初年，郑成功的父亲郑芝龙，拥兵数万，都是水军，作战非常勇猛。可是他被清朝打进来的势头给震慑住了，对抗清没有什么信心，决定要投降。投降呢，他还有一个乞求，希望清朝给他一个官当，当什么呢？当闽浙总督。清朝表面也答应了，于是他就投降过去了。他自己投降了还不算完，清廷还要求他给儿子郑成功写信，劝郑成功也投降。这时候的郑成功带兵驻扎在中国的东南沿海，他早已把自己身上的儒服（古代的儒者宽袍大袖，那是儒者身份的服饰标志）脱下去了，干嘛？投笔从戎。郑成功这个时候决定举义旗抗击清朝的暴行。刚开始，郑芝龙有自己的得意算盘，以为他带重兵投降，清廷一定能给他个大官做呢。没想到，没投降的时候说得好好的，一旦投降过去就身不由己了，一切都得仰人鼻息了。现在清廷有了指令，郑芝龙不敢不听话，于是就给儿子写了劝降信。这信就传到了郑成功手里，父亲的命令（父令）来了，让你投降啊。郑成功看了之后，心情很沉重，回了一封信，是这么说的。"从来父教子以忠"（《台湾外纪》），"从来"，自古以来，做父亲的总是拿对国家的忠诚这样的一个标准，来要求自己儿子的。"未闻父教子以贰"（《台湾外纪》），这里的贰就是叛徒、不忠心的意思。从古到今，就没有父亲教儿子做叛徒的。可今天，父亲给了我这样一封信，让我做叛徒！我不能做，做不到！然后他告诫自己的父亲，现在你活得不是还很滋润吗？但是，我觉得已经危机四伏了，你要注意了。我不会跟着你投降，只不过不幸有那么一天，你被清廷给杀了，我一定会尽儿子的本分，给你披麻带孝，为你复仇，在我看来，这就是忠孝双全的做法。这封信写完了，郑成功给父亲寄了回去。由于郑成功拒不投降，郑芝龙也就没什么利用价值了。果然不出郑成功所料，时间不长，在北京，他父亲连同郑家的11口人都被杀死了。那么，在历史上，有人说郑成功不孝吗？没有。郑成功追求的是大孝，孔夫子不是讲嘛，"当父不义，子必争于父。从父之令，又焉得为孝乎"（《孝经·谏诤》）。郑成功在父亲做了劝降的不义之举以后，没有从父之令，可以说是反父之令——违反了父亲的命令，那么他不但没有受到道德的谴责，反而成了人们敬仰的英雄，而他的父亲则为人所不齿，这是一个非常典型的子与父争的例子。

可是呢，我们也不要去讲，既然郑成功都这样做了，那我也得向父母去争，我们刚才讲了，"居家是非勿太明"，当没有涉及到原则问题的时候，你不能这样去做，这就是原则跟非原则的区别。"从父"与"不从父"，是有界限的。

> 我们在家庭生活中，一般很少涉及到大是大非的原则问题，所以家庭生活不需要什么事情都辩出一个是非。但是在家庭生活以外，也就是进入到社会，尤其是工作中需要面对上下级关系，那么，我们应该怎么做呢？孔子在《孝经》中谈到的君臣关系，会给我们什么样的启发呢？

实际上，在中国历史上，不仅仅父子之间的关系是这样，孔子认为，君臣关系也是如此。孔子讲，君臣之间是因为道义聚到一起的，不同于父子之间那种天性，那么当君主如果不义的时候，作为大臣一定要有一个毅然决然的做法。儒家给这个做法也立了一个原则，什么原则呢？也是针对家庭里的那个规矩。家庭里面我们讲了："有隐无犯"，对待君主呢也是四个字，叫做"无隐有犯"（《礼记·檀弓》）。"无隐"是说不要隐藏，"有犯"是说一定要犯言直谏。什么叫做"无隐有犯"呢？我内心的不满不会隐藏，对于实情我一定要说，如果隐藏了，就是不忠。何谓"有犯"呢？就是我不管你君主的脸色好不好看，不管你愿不愿听，符合道义原则，我就要说出来。孔子说，对待君主要按这个"无隐有犯"的原则来，不能顺从君主的好恶，君主今天不高兴了，那别说了，一看今天高兴了，还是不敢多说。为什么？万一他忽然又不高兴了呢？总而言之，出于迎合的心态，就会患得患失，最后你就成不了忠直的大臣。在这部《孝经》中，孔夫子要求大臣们怎么做呢？是要跟君主去争。孔夫子讲，"天子有争臣七人，虽无道，不失其天下；诸侯有争臣五人，虽无道，不失其国；大夫有争臣三人，虽无道，不失其家"（《孝经·谏诤》）。就是说天子、诸侯、大夫，如果无道，如果违背大义的话，有人敢跟你们提尖锐的意见，也许局面还可以挽回，这说明现在的情况还不是最糟糕的。最糟糕的是你不听他们的进谏，这是最严重的问题。这里，经文里头所讲的"天子七人"、"诸侯五人"、"大夫三人"只是一个象征性的说法，这个我们不必去拘泥。我们要谈的是，孔夫子在这里传达了一个明确的信号，作为忠臣面对天子不义的时候，要敢于面对天子，谈出自己的意见，把问题说清楚。

《孝经》在中国历史上影响很大，汉武帝之后的很多皇帝都遵奉儒学，到了汉章帝时代，皇帝把天下的大学者聚到一起，要编写一部标准化文献。经过充分讨论，最后由大史学家班固来执笔做记录，形成了这样的一部文献，因为是在白虎观讨论的，所以就叫《白虎通德论》或《白虎通义》。其中有一句话值得我们重视，这句话是"诸侯之臣，争不从，得去"（《白虎通义》）。意思是说作为臣子的要去跟君主提意见，君主不听你的怎么办？"得去"！就是辞职了，不干了，我不能在这个地方干，你不听我的，我的想法落实不了。为什么呢？这样做的目的是为了"屈尊伸卑"。地位高的人是"尊"，让他低下头来。地位低的人是"卑"，让他直起腰来。为什么"得去"呢？为了"孤恶君"！"孤"是孤立，让这个有过错（或罪恶）的君主感到孤立。你跟他提意见他不听，走人了！让他感到孤立，你不要围在他身边，让他觉得自己可以颐指气使，以为所有人都得奉承他。大臣要有风骨，这是很了不起的一个做法。

　　孔子在《孝经》中提出了君臣之间的大义，也就是当君主有错误的时候，大臣有责任指正，历史上有很多这样的君臣佳话。但历史上也有一些人，听不进自己反感的意见。比如三国时期的曹操，他对一些事情的做法，就为他留下了身后的骂名。那么，他做了什么事情，我们又能从中吸取什么教训呢？

三、曹操为何不提倡孝道

　　这个故事是关于曹操的故事。曹操当上魏王后，很多下属经常围绕着他，奉承迎合他。有一次，还不是太正式的场合，也就是闲聊天吧，曹操说，各位大臣，你们从小都背过《孝经》（汉朝人的读书人可以说没有人背不下来《孝经》的）吧？当然！大家说那当然，小时候就背过。好啊！曹操说，那你们当初背《孝经》到现在也有几十年了，这么长时间过去了，你们对哪句话还有印象？这个问题好比问我们：小时候背的课文，你现在还记得吗？有的人记忆力好，记得；有的人就记忆模糊了，想不起来了。普通老百姓聊天，对当年背诵过的文章，想起来想不起来，都没关系，可是今天这个场合是大权在握的魏王在向大家提问，就没那么简单了，这个场合没有随便说出来的话。所以，大臣们沉默了一下，想这个话怎么说，魏王的用意何在？应该说哪些话还记得，哪些话不记得了？这时候，有一个大臣说，我还记得一句话。曹操说，你说，你还记得哪句话？他说："匡救其恶！"（《孝经·事君》）"匡救其恶"是什么意思？就是说帮助君主改正错误啊。曹操一听，很不高兴，立刻脸色就变了。一看魏王不高兴了，旁边上来一位，这位会做事，忙说，我还记住一句。曹操余怒未消，问，你记住哪一句了？说说！他说，我记得的那一句是"夙夜匪懈，以事一人"（《孝经·卿大夫》），什么意思呢？这是《孝经》中引用《诗经》中的一句话，说大臣要勤勉，为了君主要把自己全部精力都奉献出去，要兢兢业业。曹操一听高兴了，觉得这句话说得很有水平，正合己意。此时他已经不是创业时期的曹操了，不爱听别人的意见，不仅不爱听，还得让曾经说这话的人在他眼前消失！那个说"匡救其恶"的官员后来就给撤职了，在政治舞台上消失了。不仅听不进去不同意见，曹操对孝道本身也不很认同。

　　曹操不讲孝道，是有原因的。什么原因呢？因为曹操对坚守道德、道德感很强的人，有一种不安，他感觉自己不安全。为什么？他得天下不正。他是汉臣，但他篡汉。所以，当时诸葛亮对曹操的曹魏政权，在道义上提出了严厉地指责：所谓"先帝虑汉贼不两立，王业不偏安"

（《三国志·蜀书·诸葛亮传》）。说曹操是汉贼，不是刘汉朝廷的忠臣。自古以来，人们都对忠臣忠诚的品质从心里佩服。曹操得天下不正，要想长久地坐天下，就要提防那些道德水准很高的人。因为道德水准高，很正直，就不会认同这个做法。那怎么办呢？首先在用人上，就用那些道德修养不太好、但又才能出众的人。曹操的这个做法，对中国历史，对中国人道德、情操的养成产生了很大的负面影响。曹操公开说，到我这儿来，孝不孝顺都无所谓，只要你有才能就行。当时倒是有些人帮他做事，这些人很有能力，可是真的孝不孝顺都行吗？这些人他们成功了，成为了社会上的成功人士，有权有势，他们给底层民众起了怎么样的一个榜样作用呢？跟他们学吗？家庭伦理会遭到破坏，一旦家庭伦理遭到破坏，那么社会的发展前景堪忧，眼前所有的成功、所谓的成绩，犹如过眼云烟，是靠不住的。

当然曹操有自己的打算，有他的私心，希望在他的提倡下，长此下去，形成一个道德风尚不突出的社会风气，使得篡夺行为也变得不那么惹人过分反感。既然天下没什么道义可言，好人不好，坏人不坏，他也就安全了。他安全了，老百姓、中华民族可就遭殃了。为什么？他破坏了伦理基础啊。所以大史学家陈寅恪就指出，曹操这个人功劳很大，但是对后来道德风尚的影响主要是负面的。我们现在研究、判定曹操这个人，不能仅仅说他立了多大功，多能打仗，多了不起，就像吴起那样，不能仅从功利的角度看待问题，我们要有一个伦理标准来衡量他：他对中华民族的道德建设，对中华民族精神力量的构成，有什么积极的作用？这个问题值得我们注意。

在中国古代，《孝经》是读书人必读之书，这些读《孝经》成长起来的学子，往往会培养出一种浩然之气。他们可以为了天下苍生九死而不悔；一定要跟君主争出一个是非，从而留下了身后的美名。那么，在中国历史上，有哪些这样的例子呢？

实际上，在中国历史上，真的要想跟君主争出个是非来很困难。我国历史上很多大臣前仆后继，可以说是九死不悔，就要在皇帝面前争出个是非来，付出的代价太惨痛了。所以，这样的一条路，可以说是用鲜血铺就的。

四、孝道塑造了中国人的脊梁

这里有一个关于鲜血的故事。汉朝有一个皇帝，叫汉成帝，他即位的时候，年纪也不是太大。他有一个老师，叫张禹。即位以后，他把老师提拔起来了，封了侯爵。张禹这个人，表面上很讲道义，实际上是个伪君子，背地里骄奢淫逸。这个人心地还非常狭窄，容不得人，所以天下的正义之士对他极为不满。有一个儒生，这个人姓朱，叫朱云，青少年时代很有侠义作风，能够见义勇为。后来，年纪稍大一点，他开始认真读书了，终于成了一代名儒。他了解到张禹的为人处世以后，极为愤慨，就直接给皇帝上疏，要求皇帝单独召见他。皇上说，朱云可以来见我，有什么话，有什么建议当面说。机会来了，朱云终于站到了皇帝面前。可是皇帝不是一个人，周围文武百官都在，皇帝说，有什么话你就说吧。朱云心想怎么说啊？这么多人都在场，皇帝不可能听自己的长篇大论。好吧，就说一个意思：请皇上赐我尚方宝剑，臣要斩一个人，以

孝里有道

72

谢天下！皇上一听吃了一惊：你见我就为了这个？给你把宝剑你要杀人！你要杀谁啊？这个大奸大恶之人是谁？你告诉朕。既然问到了这个人的名字，朱云干脆直说了：这个人就是安昌侯张禹！张禹此时就在边上站着呢！皇上一听，是我的老师啊！立马就火了，说：朱云，你犯的这个罪是什么罪，你知道吗？你犯的是不赦之罪，这个罪是无法宽恕的，谁也救不了你，你竟敢诽谤朕的老师，拉出去！两边武士上来就往外拉朱云。这朱云也来犟脾气了，不是早年有侠义之风吗？体力也好，两手死死攥住宫廷里的栏杆。这俩武士用足了力气就是没拉动，想把他的手掰开，也掰不开。这些武士继续用力，朱云就是不撒手，僵持过程中，就听"咔嚓"一声，栏杆当时就被拉断了。即使栏杆断了，朱云嘴里也没闲着：臣得把话说完，我不能就这么死啊！他抓这个栏杆并不是怕死，怕死他就不说拿剑斩安昌侯张禹了。朱云嚷道，我得告诉陛下一句话，什么话呢？臣死后，就跟历代的忠臣比如说商朝的比干他们的忠魂聚在一起了。而今天这个时代算什么时代？陛下你自己想想吧，我们这汉朝算什么汉朝？这话说完了，朱云被武士们拖了出去。皇帝气得不行，发狠说：罪在不赦！非得弄死他不可！这时候边上有一位左将军，"扑通"一下跪倒在地上说，臣有话要讲：朱云无罪，不该被处死；如果有罪，皇帝也应该宽恕他。为什么？提意见的人不应该被处死，不管有罪无罪，陛下今天应该赦免他！说完，就不停地磕头。皇帝刚说完朱云"罪在不赦"，磕头有什么用啊？这个人可真是明知不可而为之，知道希望渺茫，但是此时朱云感动了他，内心里产生了强烈的共鸣，非为朱云去争不可。然后，拼命地磕头，磕得满地是血，血流满地。这时汉成帝心里也不是滋味了，刚才发的火有点消了，看到这满地的血，他清醒些了：大臣们为了什么自己身家性命都不要了，宁可被拉出去处死也要仗义执言？不就是为了社稷？为了江山？为了民众吗？思来想去，他决定不再追究朱云了。好吧，就把这个朱云饶了，左将军你也别磕了，别磕了。

这件事过去了，拽断了的栏杆就摆在那里，太难看了。这天，工人们进宫来，开始修补破损的栏杆。汉成帝从这儿路过，一看，干嘛，修那个是吧？别修了，放在那儿，它不是无故折断的。整个皇宫都很整齐，就这地方坏了，也是一道风景，给大家看一看，也给朕留一个警戒，对忠臣，我们要有这样一个胸怀，让人家知道，当年这个地方有一位忠臣曾经冒死直谏，所以这个栏杆不能修，就给我原样摆在这里。

这个故事很有名，叫做"朱云折槛"，其中的"槛"，就是栏杆。中国历史上，像朱云这样的人不少，所以我在读中国历史的时候，有时候感慨，有一种油然而起的自豪，不仅我们会这样，近代的大文豪鲁迅也是这样。鲁迅曾经有一篇很有名的文章，叫做《中国人失去自信力了吗》，在这篇文章中，鲁迅深情地说，"我们自古以来就有埋头苦干的人，有拼命硬干的人，有为民请命的人，有舍身求法的人。虽是等于为帝王将相做家谱的所谓正史，也往往掩不住他们的光耀，这就是中国的脊梁。"像朱云这样的人，堪称中国的脊梁，这样的脊梁在咱们中国历史上不少。所以我们作为后人，应当记住他们，他们用自己的人格，熔铸成了我们中华民族精神。

不仅仅大臣们要这样去做，实际上孔夫子在《孝经》中，要求各个阶层的人都要恪守孝道，从天子到诸侯，再到其他一些各个阶层的人，都有详细的规定。这方面的内容我们下次再讲。

【坛下独白】

这一讲要澄清的是人们对孝道的误解，说得更直接是现代人对孝道的误解。不知道从什么时候起，一般人认为孝道就是要求晚辈无条件地服从长辈，因此在崇尚孝道的传统社会里一定是充满着压抑的气氛。无论孝道怎样体现了中华民族的传统美德，也总是摆脱不了强制力量对人性的损害。要解除这个误解，其实也很简单，一是去读经，一是去读史。读经主要是读《孝经》的《谏诤》章。读史则会发现史书中很少有父母迫害子女、长辈迫害晚辈的记载。对于《孝经》，现代读者很少有人去读，读了即能够发现一般世俗理解与经典本义的差距。关键的问题在读史，现代人很多不相信史书记载的事迹。他们心目中的古代父母，对自己的子女总是一副凶巴巴、恶狠狠的印象，这就是先入为主。这种情况下，怎么读史都不管用。我想，这个问题固然出在对孝道的误解上，但更多的是对师道的不了解。

我们仔细看《孝经·谏诤》章就会发现，孔子指出"当不义"，"子不可以不争于父"，这里蕴含了一个价值判断——"义"。而这个"义"不是一般父母能够确定的，它有一整套的经典解释系统，它属于儒者，属于师道。就如同曾子对待父亲曾点的责罚表现得逆来顺受的时候，要受到孔子的责备一样。应该说，这个故事是意味深长的，它正好说明了师道的重要，也就是说，家庭成员之间不是一个封闭的系统，家庭伦理的解释者并不在一般的父母、长辈。说得更明白些就是，为人父母的人在传统社会也要听圣人的教诲，他们不能在家庭内部自我立法，自己创造出一个道德解释标准，他们的行为和心理也要受到经典大义的制约。其实，何止家庭内部，就是社会各个阶层（包括皇帝），也都要接受道德伦理的制约，任何人在传统社会里面都没有先天的道德高度和道德豁免权。孔子讲的"君君，臣臣，父父，子子"，就是要求各司其职，各负其责。

更何况，如果再扩展一下考察范围，我们就会发现，任何父母在他（她）的父母那里，也是子女的身份。所谓长辈、晚辈，都是相对的，没有哪个家庭成员有绝对的权力。

还有，就是家庭伦理与君臣伦理有很不一样的地方，前者是由血缘亲情维系的。应该说，父母爱孩子是一种原始的人类本能，带有一种绝对力量。母爱、父爱之所以伟大，也在于此。把这种关系理解为是一种压制关系，本身是对人性认识的一种颠覆。而这种颠覆意识，也是对人性的背叛。以之读史，是置古人于冤狱；以之行为处事，则满眼都是冰霜戈矛的世界，亲情澌于泯灭矣。这不仅是一个理论问题，更是一个迫切的现实问题。

因此，我在这一讲强调《谏诤》章的意义，是为了重新唤起今人对古人孝道行为的信任和尊重。

信任和尊重古人，一定意义上说，也是信任和尊重今人。

这一讲还提到了曹操用人的政策，这方面集中体现在他的"唯才是举"令。历史上，曹操于建安十五年、十九年、二十二年三次颁布这类命令，因其用意相同，被后人称为"唯才是举"三令（见《曹操集》）。在文中，曹操明确表示要重用那些"不仁不孝而有治国用兵之术"者。现代一般读者很能欣赏曹操的这一举措，却往往忽略了其副作用。大史学家陈寅恪对此有独到的见解，他说：

> 夫曹孟德者，旷世之枭杰也。其在汉末，欲取刘氏之皇位而代之，则必先摧破其劲敌士大夫阶级精神上之堡垒，即汉代传统之儒家思想，然后可以成功。读史者于曹孟德使诈使贪，

唯议其私人之过失，而不知实有转移数百年世局之作用，非仅一时一事之关系也。（《金明馆丛稿初编》）

曹操的做法取一时之效，却瓦解了社会的伦理基础。后人欲纠正从前功利做法的弊端，改善世风，非经过长时间艰苦的努力不可。

郭巨埋儿

　　故事说，家贫的郭巨，为了孝顺母亲，遂打算将三岁的儿子埋掉。在掘坑的过程中，得一坛黄金，遂保全儿子，孝母之愿也得偿。后人有诗云："郭巨思供给，埋儿愿母存。黄金天所赐，光彩耀寒门。"

第五讲

非常底线

拾葚供亲

　　故事讲东汉著名的孝子蔡顺，早年丧父，侍奉母亲非常孝顺。时值王莽当政，灾荒连年，天下大乱，为了寻找食物，蔡顺常外出拾取桑葚，并将桑葚放入不同的容器里。有一次恰巧遇上赤眉军，问他为何如此，他回答说，黑的桑葚已熟，留给母亲吃，没有成熟的就自己吃。赤眉军被他的孝心所打动，就送给他一些米和肉，放他回家了。图中正是赤眉军首领送给蔡顺米、肉的画面。

孝是人类共同的天性，是每个人内心里流淌出来的真挚感情，一个人如果无视亲情与孝道，为了实现自己的野心不择手段，这样的人，就算他有很高的才华，但他最终会是什么结局呢？今天的人们，从中又能得到什么借鉴呢？

一个人来到世间，想实现自己的抱负和理想，这本来无可厚非，但如果不择手段，为了博取功名利禄，无视人伦亲情，做出骇人听闻的事情，这最终会给他带来什么样的后果呢？或者一个人以尽忠为借口，说自己无暇尽孝，这种做法对吗？

一、不孝的兵圣吴起

孔夫子在《孝经》里说"自天子至于庶人，孝无终始，而患不及者，未之有也"（《孝经·庶人》）。儒家认为，尽孝是人的本能，如不尽孝，即是违背本能，一定会遭到生活的惩罚，这是个规律，没有例外。当然，也有人不以为然，他们觉得在社会上最重要的是要获得成功，出人头地。有了实力以后，就可以赢者通吃，即使不孝顺，也不会遭到什么惩罚。

这方面的事例很多，在此我们讲一个典型人物，这个人叫吴起，他是战国早期的卫国人。吴起年轻的时候，就想有一番作为，四处寻找门路，想要出人头地。可是耗尽了家财也没有折腾出个名堂来，一时间街坊四邻议论纷纷，都觉得他志大才疏。吴起这个人性格暴躁，容不得别人的讥讽，一怒之下，杀了三十多个平时对他说三道四的人。身上背了这几十条人命，卫国是不能呆了，他决定要走出卫国，四处去闯荡。临行前他跟母亲告别说：我如果当不上卿相那样声名显赫的大官，我就永远不回来了。为了表达自己的决心，他把胳膊咬出了血向母亲发誓。离开了家乡，吴起想找一位当世最了不起的学者学本领。他找到谁了呢？找到了曾子。大概由于当时资讯事业落后，曾子也不知道他的底细，看到这个卫国的青年人非常聪明，又有一种不达目的绝不罢休的执着精神，很是欣赏，就收他做了弟子。在以后的日子里，他表现出了超常的学习能力，而且又异常勤奋，曾子很高兴，给他讲了很多经世致用的学问。可是，好景不长，家里传来噩耗：吴起的母亲去世了。在吴起杀了三十多个乡亲出走以后，吴起母亲的处境简直难以想象，现在终于扛不住了，撒手人寰。曾子听到自己学生的母亲去世了，判断他一定要到自己这里请假奔丧，就决定准他的假了。可是左等右等，吴起就是没有动静。过了两天，曾子见到了吴起问：听说令堂去世了，你怎么想的？他说母亲去世就去世吧，我必须得学出一身本事来，家里的这些事理应置之度外。曾子是何等人也？曾子是一个天性笃实、厚重的人，他说过这种话："士不可以不弘毅，任重而道远，仁以为己任，不亦重乎？死而后已，不亦远乎？"（《论语·泰伯》）多有力量的一个人！作为老师，听了吴起的这番话，他看到了吴起冷酷自私的内心。曾子说，你走吧，既然你不去奔丧，你也走吧，你不是我的弟子，儒门没有你这种人。想在这儿留，我也不教了。这叫做什么？劝退，劝他退出师门，等于被开除了。吴起觉得，也好，反正我的本事也学得差不多了，此处不留人，自有留人处。其实，虽然史书没有记载，但也不排除此时曾子已经知道了他在卫国杀了很多人的事情，觉得他是个凶狠偏激的人。总之，儒门开除了吴起。但这对吴起的触动不大，因为他已经找好了出路。

此时的鲁国正是用人之际，鲁国的邻国是齐国，齐国要向鲁国发动军事进攻，鲁国不得不备战迎敌。战前，鲁国要招贤，需要一位能带兵打仗的将军。吴起应聘去了。谁也不能否认吴起有过人的军事才华（后来吴起留下了一部兵书，叫《吴起兵法》，是与《孙子兵法》齐名的著名的军事著作），与鲁国的国君一谈，鲁国的国君心里想，好，此人就是我要的军事统帅了！就说，你等着上任吧，我马上就要拜你为将。可是三等两等，上任的命令就是不下来。后来原因透露出来了，原来鲁国在准备任用他的时候，发现他妻子是齐国人，是敌国的人。那你挂帅，你的妻子是咱们敌对国家的人，你能保证忠诚于鲁国吗？所以，统帅三军的重任放在你身上，我们鲁国是不放心的，这是人之常情，可以理解。可是吴起着急了，眼看着自己就成功了，梦寐以求想当大将军的愿望就要实现了，现在就为一个女子耽误了，就成功不了，怎么办？吴起做出了一个骇人听闻的举动——杀妻求将！他把自己的妻子杀了！你们不是不放心我吗？我亲手把她杀了，这回能证明我对鲁国的忠诚了吧？吴起如愿以偿地当了将军。后来他打了胜仗。打完胜仗，他心想再升升官什么的，可一直就没有他升官的消息。鲁国毕竟是产生了孔子的国家，一般鲁国人对忠孝、仁义这类品质是很认同的。大家议论纷纷：这个人为了博得功名利禄，连自己的结发妻子都能下毒手，感觉难以信任。最终鲁国表态了：这个地方不适合你，你走吧。感谢你对鲁国的贡献，但立功是立功，做人是做人，你走吧。他又无官一身轻了。没关系，他找到了下一个国家——魏国。到魏国又是当将军，又是打胜仗，又是一连串成功的经历——他这个人的确能干，到哪儿都政绩卓著。所有的官员中，他的政绩最显著，眼见又有升官的机会了。

吴起在不同的国家，为不同的诸侯效力，每次他都能脱颖而出，这说明他确实能力出众，很有才华。但另一方面，他却不守孝道，缺少德行，甚至为了功名，做出了骇人听闻的事情。可以说吴起是一个有"才"少"德"之人，目光短浅者可能看到了他一时的成功，那么，他最终的结局会是什么呢？通过他的例子，又能得到怎样的启示呢？

　　正在这个时候，魏国的君主去世了，新君主继位，决定选拔新的宰相，吴起一想，所有的大臣的才能我都清楚，这些人谁能赶上我？魏国的宰相非我莫属。于是吴起在家等着使者来任命了。三等两等，就是没有消息。最后，总算把任命宰相的消息等下来了，却是别人的，别人当宰相了。这种事怎么可能发生呢？吴起倒是很直率，他直接找人家去了，找这个新任的宰相，直接质问道："你凭什么当宰相？你说我有哪点不如你？带着士卒打仗，战无不胜，你行吗你？"这人回答说："我不行。""打仗你不行，管理民众你行吗"？这人回答说："这一点我也不如你。""那外交你行吗？跟各个国家搞战略平衡，你行吗？搞阴谋诡计，你行吗"？那人说："这我也不行，这方面我真的不如你。""还比吗？指挥战争你不行，治理民众你不行，外交你不行，那你什么行啊？你凭什么坐这个位子啊？你给我让出来，赶紧辞职！"面对吴起咄咄逼人的质问，这个人很沉稳，慢条斯理地跟吴起说了一番话："你说的这些我的确不如你，可是我问你，现在我们君主还小，举国上下对君主有没有治国的能力都心存疑虑，各位大臣是否对新君主忠心耿耿也是个疑问，很多人在观望。在这样的关键时候，谁能给我们魏国的军民带来内心的安定？他们会信任谁？我觉得我可以给他们带来信任，他们相信我这个人是忠诚的，是不动摇的，是能够跟他们同甘共苦、永远不会背叛他们的，所以我才做了这个宰相。"吴起是一个功名利禄熏心的人，但是吴起不糊涂，糊涂的人也不可能像他那样那么有作为。面对新任宰相的问题，他不说话了。半天，说了一句："那的确，你可以坐这个位子，我不行。"

后来，到底因为魏国当政者的不信任，吴起被迫离开了魏国。不过这一次他真该把魏国宰相的话好好想一想：为什么自己功劳赫赫，却不能赢得众人的信任？进而也应该反思当年读书的时候，曾子老先生最后为什么会有那么冷峻的态度？这些都是远比世俗的成功更为重要的问题——大家认为你的人品不行。吴起大概真的没怎么反思，黯然离开魏国后，他去了楚国。到楚国按他那个套路，没有悬念，又成功了，他也终于如愿以偿地做了宰相。最后呢，死得很惨，被人家乱箭穿身死了。从现存的史料来看，吴起一生追求的都是功名和荣誉，在世俗眼里他是不是一个成功人士呢？当然是，至今人们对他的政治家、军事家的称呼也没有异议。但是，对于伦理道德的重要性，他至死也没有觉悟，因此我们很难说他能够赢得别人的敬意。古人把他归于法家，没有尊重他的。法家这一套，像商鞅、韩非、李斯，都一个结局，即不得好死。为什么？因为他们对道德采取了一种虚无态度，不把这个当回事，觉得实力就是一切。但他们想错了，至少实力不能换来温情和信任。

对此，孔子早就告诫过，他在《孝经》中这样说"不在于善，而皆在于凶德，虽得之，君子不贵也"（《孝经·圣治》）。你平时处心积虑地去努力做的都不是有道德含量的事情，为了冠冕堂皇地建功立业而不择手段，这叫什么？这就叫"不在于善，而皆在于凶德"。即使你侥幸获得成功了——孔子没说这些人就不能获得成功，孔子讲，"君子不贵也"。作为儒者，作为一个君子，我不佩服你，你不能赢得我的敬意，在我眼中，你没有什么位置。这一点是孔子了不起的地方。孔子不是在《论语》中说过，"不义而富且贵，于我如浮云"吗（《论语·述而》）？这是孔子一贯的主张，他一生都在为将仁爱精神传布天下而不懈努力。

> 春秋时期的名将吴起，有很高的军事才能，但他为了获取功名利禄，不择手段，无视人伦亲情的做法，不仅最终自己没有善终，也在中国历史上留下了一个反面教训。但后世也有一些人，不是吸取他的教训，而是为自己找借口。比如这些人会说，他们是为了尽忠，而没有时间尽孝。那么，这种说法能成立吗？

二、尽孝与尽忠

孔子讲，孝是"德之本"（《孝经·开宗明义》），意思是，孝道是道德修养的基础和根本，离开孝道，那其他的道德是建立不起来的。比如说"忠"，一个人的表现真的是忠吗？他是不是投机？他个人其他方面的人品怎么样？对这个问题，古代的很多皇帝还真是很重视。

朱元璋，我们还谈明太祖，他曾定了一条规定：文武百官，得到噩耗，自己的长辈、父母去世了，允许你把手下的工作立即放下，火速奔丧。那问题来了，我离开这儿上级知道吗？上级是不是得派一个人来交接？接我这个大印的人，由于种种原因没及时到任，怎么办？交接过程中效果不好怎么办？我是不是还得扶上马送一程？这都是问题。朱元璋说了，这些不用你管，把手下工作放下，立刻奔丧去。为什么？古代的交通条件不好，迟一步，可能就见不到长辈的面了，所以要立即奔丧，朝廷为这事大开绿灯，不要说为了尽忠就在这儿呆着，就不走，这不行。有人也想试一试，就不走，万历年间的首辅张居正就是如此。张居正在万历初年的时候，权倾朝野，是万历皇帝的老师，内阁首辅大臣。有人说虽然明朝废除了宰相制度，他比某些宰相权力都大。正在仕途上一帆风顺，也是有所建树的时候，父亲去世的噩耗传来，张居正开始内心斗争，斗争来斗争去的结果是不回去奔丧了：我这回要以朝廷为重。

这下子在满朝文武之中掀起了轩然大波，很多人用非常激烈的言辞来反对他，平时对他很尊重的人，也站到了反对他的一边，认为他贪权恋栈，德行有亏，这里面也包括他的学生。古代的科举考试，担任主考官的官员就被那次考上来的应试者称为"座师"，他们是师生关系。现在这些他提拔起来的年轻官员，都开始联名反对他。张居正很痛苦地说，我大明朝二百多年，没有门生弹劾"座主"的，就是没有学生弹劾老师的，现在终于有了，而且是从我开始的。古代的师生关系是学业传承关系，更是一种道义关系。现在学生开始反对老师了，说明张居正的道德形象受到了严重的质疑，此时张居正内心的痛苦是可想而知的。张居正立了不少功，但是他对这个伦理问题的处理也是千古聚讼，很多人在争议，为什么？因为他以伦理为代价在做这件事情。我们想一想，他这样的人物这样做，对百姓能起到怎样的一个引导作用？那后果不堪设想，不是眼前你建点功劳，就能够弥补的。作为宰辅这样重量级的政界人物，你的表率力，尤其是在道德方面的表率力，往往超越一时一地的成就，而为万世注目。所以，张居正在这方面处理得欠妥当，留下了充满争议的身后评价。

张居正以后，有一位大臣，就吸取了类似的教训，他没有学张居正。这位大臣，是清朝的曾国藩。曾国藩此时在前线打仗，是最高统帅，忽然间也是噩耗传来，家里长辈去世了，曾国藩把自己眼下的事情匆匆料理了一下，马上就奔丧走了。后来，有的御史弹劾他，说他丁忧（古代官员得知父母去世要回祖籍守制）的报告还未经（咸丰）皇帝恩准，自己就擅离职守了，应该处罚。这件事后来朝廷也没有追究。曾国藩做这件事的态度是十分果决的，他的前车之鉴就是张居正。这里孰是孰非，我们不去深入探讨，这里要说的是古人的孝道观念非常强，有时候可以达到这个程度，以效忠朝廷为借口不回籍丁忧的胆子一般人没有，就是有，社会舆论也不容许。

这些大人物，应当做到表率作用，民众在看着他们的一言一行。孔子讲过，"君子之德风，小人之德草，草上之风必偃"（《论语·颜渊》）。就是说，身居高位的人有责任引领世风，民众是看着他们行事、在效仿他们的。而民众心中，也有自己的标准，也有自己的道德底线，越过了道德底线，民众是不能接受的。

有道德底线的时代，不仅一般人会遵守这个底线，就连社会的边缘人物、甚至是杀人越货的强盗，也会有一定的道德底线。比如在中国历史上，有一本普及孝道的通俗读物《二十四孝》，里面就有"盗亦有道"的故事。那么，杀人不眨眼的强盗，他们遵守的道德底线是什么呢？

三、道德底线

有一部书，过去在中国传统社会流传很广，叫做《二十四孝》，我给大家说说其中的两则故事。《二十四孝》有一则"拾葚供亲"的故事。故事主人翁叫蔡顺，是汉朝人。蔡顺父亲早年去世了，他与母亲相依为命，对母亲很孝顺。当时正赶上饥荒，没什么吃的，他就背着筐去采桑葚。桑葚是一种小果子，可以吃的。有一天，他采了不少桑葚，背了两筐往回走，路上碰上了贼。贼是当时官方记载中的说法，实际上就是赤眉军，是指造反的农民军。赤眉军这些战士们一看他背的桑葚，而且桑葚分两个筐装。一个筐多省事，为什么用两个筐呢？都很好奇，你解释解释，这是为什么？蔡顺说，你们看我这个筐里的桑葚是黑紫色的，这个是红色的。黑紫色的是成熟的，是可吃的，是甜的；红的是生的，不太好吃，是酸的。黑的给我妈妈，这个红的我吃，我们没有粮食可吃，就靠采野果子充饥。赤眉军的这些人被感动了，他们认定蔡顺是孝子——人人都敬佩孝子啊！他们决定给他粮食，饥荒年代有人给粮食可是不得了的大好事！而且不是一般人，是强盗给他粮食！赤眉军给粮食后，又给他一个牛蹄子——再来点荤的，给你妈妈，改善生活。就这么一个故事。

还有一个"行佣供母"的故事，也是发生在汉朝。主人公姓江，叫江革，父亲早年去世，他也与母亲相依为命——看来古代这种事情挺多。他的母亲，我猜测可能是腿脚不太好，为什么？因为他总是背着母亲走路；或者也有可能他母亲年纪太大了，反正是江革背着母亲到处跑。干嘛要跑？这个时候社会动荡，造反的强盗太多，造反的强盗拉别人入伙儿，壮大自己的队伍。有一天，他又遇到强盗了，照例背着母亲就跑，跑也跑不快，一会就让人家给逮着了。强盗还纳闷呢，这是怎么回事，怎么还有人背一个老太太跑呢？江革说：这是我妈妈。他跟强盗讲，这么多年一有危险，我就背着妈妈跑，这次没跑脱，被你们逮住了，你们看着办吧。这些造反的强盗也被感动了，这个孝子真不容易，如果硬拉他入伙，干些打家劫舍的勾当，他的老母亲就没人照料了，也就活不了了，于是动了恻隐之心，就把他放了。

这两个故事有一个共同点，不知道大家注意到没有？蔡顺也好，江革也好，他们两个人都是遇着强盗了，而且强盗都敬重孝子。民间流行的《二十四孝》，给我们透露出这样一个信息：盗亦有道。如果你真是一个孝子，那些社会的边缘人物，靠暴力起家、杀人放火的强盗也会尊重你，甚至会尽他们所能，给你提供帮助。这说明：这个社会是有道德底线的，他们没有说我是无所不为的强盗，什么孝子不孝子的，我就上去一刀；什么老母亲、小孩子的，我不管那一套，没有这回事。

《二十四孝》，是中国传统社会中普及孝道的通俗读物，和儒家的经典《孝经》并不是一回事，里面提倡的很多孝行并不符合儒家的孝道，也有很多糟粕。但上面所讲的两个故事，却展示了孝道的温情之处，连强盗在孝子面前，也显出了一丝人情味。可以说，孝道与亲情，是人类共同的情感共鸣。不仅民间故事中是这样，正史记载中也同样如此。汉朝的才女班昭，以智慧与亲情上书皇帝救自己的哥哥回中原安度晚年的故事，就是一个很好的例子。那么，这又是一个怎样的故事呢？

四、班昭的亲情与智慧

汉朝有一位才女，她叫班昭。班昭有两个哥哥，一个哥哥是写《汉书》的大史学家班固，一个是扬威域外的定远侯班超。班超是中国历史上杰出的外交家，也是杰出的军事指挥家。我们今天主要讲的，是他的妹妹班昭怎么样救她的哥哥定远侯班超的故事。

为什么要去救班超呢？因为这位定远侯有家不能回。这时，纵横沙漠30年的定远侯班超，已经年近70了。想当年，那是30年前的时候，定远侯班超带着一支外交使节团队，来到了鄯善国。鄯善国介于匈奴与汉朝中间，是汉朝在战略上一定要争取的国家。因为鄯善国紧挨着匈奴，这趟出使尚未与汉朝建立同盟关系的鄯善国是一项非常危险的任务。作为副手，班超加入了这个使团，他们一共是36人，意气风发地来到了鄯善国。开始还不错，后来再谈就不行了。本来谈得好好的，为什么不行呢？原来匈奴使节团也来了。匈奴人很剽悍，当时是汉朝的强敌，双方经常发生战争。汉高祖刘邦就曾被匈奴包围过，差一点丧了命。当时的情况万分危急，如果鄯善国决定接受匈奴的联盟要求，不但汉朝会多了个敌人，就是使团的这些人也会被鄯善国当作见面礼交给匈奴人。这时候，班超因为使团的从事（正式负责人）生病不能理事，暂时代理负责人一职。面对险恶的形势，这个代理团长当机立断，决定动手。据说，那天是夜黑风高，36人急行军——班超打仗临场指挥作战的能力很强，最后用武力解决了匈奴的使团，顺利与鄯善国结盟。这个胜利以后，班超被任命为军司马，常驻西域。此后，他带领战友们纵横沙漠，为汉朝立下了汗马功劳，后被封为定远侯。

年复一年艰苦的塞外生涯，当年那36位跟他出生入死的弟兄都去世了，就他还活着。他也年近70，想回中原了。人生七十古来稀，这是人的一种本能：有人说这好像什么老年情结，实则这是人的本能——思乡是人的本能，这是人内在的一种很深沉的要求，定远侯也不例外。他就给皇帝写了一个申请，恳求皇帝让他回去：我这么多年为了国家在沙漠，不能说立多大功，但也做了一些事，请皇帝允许我回去。如果你不允许我回去，能不能允许我踏入玉门关？玉门关是当时汉朝与西域的分界线，进玉门关后，让我向我的家乡眺望那么两眼，不回家乡也行。我不是非要求回去，就这样一个小小的要求。另外呢，让我的孩子能够回去。他的这个合乎情理的请求，皇帝居然没有批准。为什么没批准呢？为什么为汉朝立了那么大功的定远侯班超，晚年想回故乡也不行？原因就出在他的哥哥大史学家班固身上，原来班固涉嫌介入了大将军窦宪的谋反案。皇帝对他的请求不予批复的潜台词大概是：你的哥哥介入了谋反、谋逆案，你有连带责任，所以你没有资格回来。你不是一直在西域吗？你就在那儿呆着吧，死在那儿得了，别回来了，这算是一种变相的惩罚。后来，班超又多次申请，都石沉大海。班超也把皇帝的这个态度，写信告诉了妹妹班昭。他对妹妹说：今生今世恐怕咱们兄妹也见不着了，永别啦。班昭接到这封信后，心里非常难过。此时，她是皇家的女子教师，专门教授皇后和宫中的贵人们。她决定要为哥哥把这件事情向皇帝再陈述一遍。班昭的奏疏写得相当感人，她引用了两个典故：一个典故是周文王葬骨的典故。周文王，是中国历史上著名的圣王，是后世君主们的榜样。故事说周文王有一天走在路上——大概出去视察把，发现路上有死人的骨头暴露在荒野中，这太惨了，人死了让他入土为安才是，现在骨头在外面，看了心里不忍，周文王赶紧命人把这些骸骨埋了起来。就这一件事情，后来传开了，人们议论纷纷、交口称赞。你说那个死人跟周文王有什么关系？没有关系。没有关系他也会动感情，心中的仁爱之意自然就流露出来了。民众们都觉得，周文王是一个仁厚的君主，大家不约而同地纷纷来到了他的领地定居下来。周文王这个做法，在历史上很有名，说明他有很强的仁爱之心。班昭举这样一个例子，意在跟皇帝讲，我哥哥将来可能就死在异域了，死在荒漠中了。请皇帝能够像周文王那样从恻隐之心出发，垂怜我的哥哥。

她举的第二个例子，叫"子方哀老"。说的是战国时候一位叫田子方的儒者，他曾经是魏文侯的大臣。这个田子方也非常有仁爱之心，有一天，也是走在路上，他看到了一匹老马，老得不像样子，已经什么都干不了了：让它驮东西，驮不了，骑它更不行，反正牵着它，它都走不动了，马的主人就不想再费功夫了，不想再给它喂饲料了。不喂，它是个死，喂它，也是个死，它已是个废物，不必再管它了，按照大自然的规律，让它自生自灭老死得了，饿死得了。由于没人再管这匹马，它就在那儿饿得皮包骨，眼看着奄奄一息了。田子方看到了，心里不是滋味，他把这匹老马牵回来，然后找精良的饲料给马吃。身边的人很不理解：您这有什么用？拿现在的话说，您这有什么经济效益吗？没有：你想吃肉，这老马的肉也不能吃，你咬不动；你让它干活更不行，白白给它喂饲料。田子方对此说法大不以为然，他说：这匹马在它壮年的时候，干了多少活？为人们做了多少事？马是人类最忠实的朋友，自古以来马都在承担替人劳作的角色，现在它拉不动东西的时候，我们就这样残忍地对待它，我们于心何忍？我没有考虑给它喂饲料后，会有没什么用，只是我不这样做，心里不安！别的话不要讲了，我一定要给它喂饲料，喂了之后我心里就安了。这是什么？这是人性！这个消息后来也传开了，大家觉得田子方是一个厚道的人。他是大臣，很多人就投奔他来了。为什么？跟他在一起内心有一种温暖；跟他在一起做事，不管做到什么时候，将来可能也有年老的那一天，岁数大，做不动了，不像青壮年时代那样有才华、有体力，他不会嫌弃、抛弃，还会始终如一地尊重你。人啊要的就是这种尊重，所以很多人来投奔他了。这个故事流传得也很广，人们期盼遇到这样的领导者。

班昭说这些是什么意思？她可不是光在这儿讲故事，她要通过这些故事提示皇帝：我哥哥已经70岁了，不像当年了——当年那还得了吗！叱咤风云、威风凛凛的定远侯啊！现在老了，不能动了，皇上就不管了？天下后世，将对你这个皇帝做如何评价？将怎么样评价我们这个大汉朝呢？她是要提出这样的尖锐问题给皇帝思考。而且在奏疏中，她又说了这样的话："陛下以至孝理天下，得万国之欢心，不遗小国之臣，况超得备侯伯之位？"（《后汉书》卷47《班梁列传》）

什么意思？我们听着耳熟，原来孔子在《孝经》里讲过："昔者明王之以孝治天下也，不敢遗小国之臣，而况于公、侯、伯、子、男乎？"（《孝经·孝治》）在这里，才女班昭就借用了《孝经》的这句话，当然她在这里面有巧妙地的调整，"公、侯、伯、子、男"那个地方，她用他哥哥班超的名字"超"来替代，显得更加贴切，有具体所指。《孝经》里都说了，对这些人不能轻视，那你天子现在对我哥哥为什么这么冷酷，这样做符合经典的教诲吗？班昭真是不简单，她的奏疏写得是声情并茂、有理有据，不仅是从感情说我要救我哥哥，而是能够以经典为依据，通过讲历史上的典故，以理服人。皇帝看了之后，史书记载，"帝感其言"。人非木石，孰能无情？皇帝也有自己的道德底线，现在他的内心被班昭的话触动了。想一想，定远侯班超，这位大英雄一辈子真是不容易，那就让定远侯回来养老吧。定远侯在妹妹的帮助下，终于回来了。回来后，他就旧疾复发，一个月之后，定远侯班超溘然长逝了。

儒家认为，孝道这个道德底线，不能跨越。孔子讲，孝道是社会最重要的文明标志，一定要讲孝道、讲亲情。所以，孔子说"不爱其亲而爱他人者，谓之悖德"（《孝经·圣治》），也就是说你对自己的亲人不爱，爱别人，都是假的！这是违背人性、违反道德的做法。"不敬其亲而敬他人者，谓之悖礼"（《孝经·圣治》），不孝顺自己的亲人，却出于种种功利目的一味地谄媚讨好别人，是违背礼法的。这种现象在历史上也很多，但为人所不齿。

孔子在《孝经》中主张，每个人都应当恪守自己的道德底线，都要讲孝道。孔子还要讲，从个人修养，怎么样一点一点地扩充到整个社会中去，对社会产生积极的影响。关于这方面的详细内容，我们下次再讲。

【坛下独白】

这一讲是将孝道作为伦理底线讲的，其实孝道即是底线，也是保障。除了讲解中提到的蔡顺、江革遇到的强盗尊重孝义之人，传统小说中塑造的那些江湖大哥也多是孝义中人。比如《水浒传》中的宋江，在《水浒传》第18回《美髯公智稳插翅虎，宋公明私放晁天王》中，宋江第一次出场，施耐庵是这样介绍他的：

> 那押司姓宋，名江，表字公明，排行第三，祖居郓城县宋
>
> 家村人氏。为他面黑身矮，人都唤他做黑宋江；又且于家大
>
> 孝，为人仗义疏财，人皆称他做孝义黑三郎。

前面的都是职业、姓名、籍贯、身高等情况，唯独后面的"大孝"、"仗义疏财"点明了宋江的道德水准。在稍后的《临江仙》中，作者又

强调了宋江"事亲行孝敬，待士有声名"的特点。综合起来，未来的梁山领袖在读者心中的第一印象，显然是以孝义为特征的，若不是还有那些结交江湖豪杰的行为，简直堪称道德楷模了。之所以作者会如此塑造这个文学人物形象，显然考虑到了当时的一般读者不可能接受一个孝道有亏、胡作非为的人作小说的主要人物，哪怕这个人物是强盗首领。这就是小说创作的现实基础，间接反映了当时读者的伦理倾向和道德认识水准。

人际的温情

卖身葬父

　　故事讲述汉朝董永幼年丧母，与父亲相依为命，家贫如洗。父死无以为葬，只得卖身葬父。孝行感动天庭，引得仙女下嫁，助其完成孝心。后人有诗云："葬父将身卖，仙姬陌上迎。织缣偿债主，孝感动天庭。"

在现实生活中，我们不可避免地要和别人打交道，那么，人与人之间，应该用一种什么样的态度来交往呢？儒家从孝道的角度，也谈到了这个问题，那么，儒家是怎么说的？我们又能从中吸取怎样的智慧呢？

在现代社会，随着生活的发展，人们交际的范围扩大了，人与人之间的交往越来越多，越来越频繁，那么，我们应该怎样跟别人相处呢？而两千多年前，儒家从孝道的角度，也谈到了人际间应该具有的一种相互关系。那么，儒家认为人与人之间应该是一种怎样的关系呢？跨越了两千多年的光阴，儒家的说法还有价值吗？今天的人们，还能从中吸取有益的成分吗？

一、孝道的力量

孝子对社会的影响力是巨大的。即使在一个小家庭里面，一个人的行为也会影响家庭成员的。一个实践孝道的人一定会用他的温情和力量感染家庭成员，再通过这个家庭每一个成员（包括他本人），将这种影响力慢慢地向家庭以外扩展；这样的家庭多起来，整个社会的道德氛围就会得到不断的净化。孔子早就注意到了这个现象，他在《孝经》中是这样说的："教以孝，所以敬天下之为人父者也。"也就是讲，如果在家里讲孝道，那么逐渐地扩展，人们就懂得了如何尊敬与长辈年纪相仿的人们。每个人都如此，天下人就形成了尊老的风气。这里展示出来的是逐层扩展、自然而然发生的效果。儒家特别重视这一点，大儒孟子继承的就是这个传统，他有句名言叫"老吾老以及人之老，幼吾幼以及人之幼"（《孟子·梁惠王上》），也就是说，我把对待自己长辈的感情向外扩展到别人的长辈身上，把对待自己孩子的爱心也扩展到别人的孩子身上。实际上，这种逐层扩展的人伦观念，最后当然就会波及到一些陌生人，波及到整个社会上去。

说这番话的孟子，也注意到了不同的人群中情感的扩展影响。拿师生关系来说，在儒家看来，这是类似于亲情的人际关系，它的影响也可以从扩展的形式体现出来，也能够传递出道义的力量。为此，孟子曾经讲过一个故事。当时郑、卫两国发生战争，郑国去攻打卫国，郑国领兵的将领叫子濯孺子。这个人我们需要简单介绍一下，他是个百发百中的神箭手，也教过很多弟子。他带兵来打卫国，出乎意料，卫军很有战斗力，居然把郑军打得落花流水。作为主帅的子濯孺子和自己的军队，一同狼狈地逃回了郑国。卫国军队在后面紧紧追赶，逃跑途中，子濯孺子生了病，具体什么病我们也不知道，只知道这个病来得很急、很猛，以至于他哆嗦着连弓都拿不起来了。偏偏这时候，他的战车被卫军追上了，眼看着就要被俘虏了，他绝望地对身边人说："今天我偏偏生病了，拿不起来弓，唉，我死定了！"他又顺口向左右的人打听说，追咱们这个人是谁？怎么追得这么急？左右的人告诉他，这个人叫庾公之斯。一听说追自己的是庾公之斯，子濯孺子如释重负，跟身边的人讲，没事了，这回我估计咱们安全了，他不会把咱们怎么样。身边的人一听都大惑不解：咱们主帅是不是病糊涂了？这个庾公之斯可是卫国有名的神箭手，作战非常勇敢，而主帅现在病得弓都提不起来了，我们几个武艺也不行，咱们大概马上就要没命了，主帅怎么还说有救了呢？子濯孺子说：你们不要担心，庾公之斯这个人我了解，他跟我很有些渊源，什么渊源呢？师承渊源。庾公之斯的老师叫尹公之他，尹公之他的老师是我。这样一算，子濯孺子算是庾公之斯老师的老师，太老师了！他来追我，应该没什么问题，我们应该是安全的。可是，这也不对啊，两军阵前，不讲这些感情，人家是讲谁的武艺强，谁有杀伤力，谁就是胜利者，你说这些能有用吗？他说有用。要是正常的战争状态，我能打仗，人家也能打仗，那可能就是真刀真枪了、真射了，可现在不一样，现在是我生病了，拿不起来弓。而这个追我的庾公之斯的老师尹公之他呢，是一个很高尚正直的人，老师正直高尚，学生就差不了，庾公之斯也一定是个很高尚的人！他绝不会杀一个拿不起武器的人，这是他作为战士的一个底线，何况我还是他的太老师呢！这几个人还在那儿讨论呢，人家庾公之斯就已经追上来了，追上来拿着箭就把他们给逼住了。当时的气氛很是紧张，庾公之斯张弓待发，却发现子濯孺子没有拿武器，他很纳闷，就问你们为什么不迎战？为什么不把你们的武器拿起来？这时候，子濯孺子说了，我现在生病了，拿不起来弓。庾公之斯一看这个情况，一番激烈的思想冲突：这怎么办？他拿不起来弓，我把他射死了，胜之不武；如果我不向他射箭，可这是两军阵前，回去也交代不了。最后他想了一个折中的办法，把自己箭上的金属箭镞去掉，之后把没有箭头的箭杆，射了出去，连射了四支箭——别说连射四支，就是连射多少支也伤不了人。这四支箭过来，子濯孺子自然安然无恙。然后，庾公之斯说，射这四支箭，表示在战场上我没有无所作为，可是我又不能用真箭去伤你，我得把箭头拿掉，说明对你的尊重。为什么要这么做呢？因为您教了我的老师，我的老师教了我，今天我不能趁人之危把你杀了。

古代讲，师徒如父子，师生的感情属于更宽泛的孝道精神，所以庾公之斯在这里不忍心痛下杀手。他有自己的底线，对太老师他要有敬意，因此他才采用了一种折中的办法，既完成了国君交给他的任务，又让自己的良心获得了安宁。这是一个很有智慧的做法。说完了这些话，庾公之斯就率卫军班师了，子濯孺子总算是脱险了。

这个故事是孟子讲的，孟子要说什么呢？就是说有道德的人相处，他们的行事逻辑是可以预测的，他们有自己做事的道德底线。当时，庾公之斯临走的时候还说了一句话："我不忍以夫子之道反害夫子。"（《孟子·离娄下》）夫子指的是子濯孺子，这句话的意思是，我不会用您传授出来的射箭方法射杀您！表现了庾公之斯这个人内心真的是很有人道情怀。

> 庾公之斯最终没有射杀患急病的子濯孺子，这其实就是一种由师徒之情引申出来的人际温情。这种人际间的温情，可以使人与人相处起来更加富有人情味，交往更加融洽。晚清重臣曾国藩，就曾经利用一个机会，拉近了他和一个同事的关系，那么，曾国藩利用了什么机会，他是怎么做的呢？我们从中又能得到什么借鉴呢？

二、孝是一种亲情互动

同时，儒家也看出来一个问题，就是这些人，亲人之间，还有一种互动，这不仅仅是一种像涟漪一样一圈一圈地"老吾老以及人之老，幼吾幼以及人之幼"，这些人之间还可以有一种互动，还有一种更加有效的联系。所以在《孝经》中，孔子这样说："故敬其父，则子悦；敬其兄，则弟悦；敬其君，则臣悦；敬一人，而千万人悦。所敬者寡，而悦者众，此之谓要道矣。"（《孝经·广要道》）什么意思呢？就是我们在社会上尊重一个人，由于这个人他还有自己的亲属关系，就会出现良性的回馈。比如我们敬了一个做父亲的，他的儿子知道了这种情况，就会对我们有一种好感，觉得你尊重我父亲了，当然我对你也有善意的回报。这样一来，因为社会上的人，都是有这种亲情关系的，很多人拐弯抹角，最后大家都有亲情关系，那么你表现出了你的修养，实际上很多人无形当中就对你持有一种善意的态度。这是孔子讲的。历史上，我们中国人特别注意这一点，所以听人在跟对方谈话的时候，经常会发现双方大量使用敬词，如称对方的父亲为令尊，称对方的母亲为令堂，妹妹呢？也是令妹，对方的子女就叫令爱、令郎了，实际上是通过对这些人的尊称表达对对方的敬意。而在社会上交朋友，前人也很看重这一点，决不能用简单粗俗的话称对方及对方的亲友。古人把这个当成了交友的一个窍门。

再讲一个故事。清朝晚期，与湘军统帅曾国藩齐名的还有一位著名人物姓胡叫胡林翼，他的名声不在曾国藩之下。曾国藩想跟胡林翼成为好朋友，一种办法是直来直去，还有没有更富有人情味、更富有技巧的一种表达方式呢？曾国藩在寻找恰当的方式和机会。这个机会来了，胡林翼的母亲去世了。曾国藩考虑到胡林翼这个时候内心一定非常脆弱，非常感伤，得安慰安慰他。所以曾国藩就按照当时的那种社交惯例，给胡林翼的母亲写了一副挽联。曾国藩学问很好，文采也不错，这副挽联他下了很大的功夫。写成后，他跟自己的弟弟说，胡林翼的母亲去世，很多人都会送挽联，我不知道我这个能不能得前五名，我估计差不多。你看，曾国藩那个时候地位已经很高了，他对自己写的对联还这么在乎。这个挽联，很有名，上联是"武昌居天下上游，看郎君新整乾坤，纵横扫荡三千里"；下联是"陶母是女中人杰，痛仙驭永辞江汉，感激悲歌百万家"，很有文采。这以后，当然就拉近了他与胡林翼两个人之间的关系。湘军的这两个统帅，没有做那种很老套的互相竞争、互相拆台、最后谁也别想成功的事情，这两个人精诚团结，共同把他们要做的事做成了。所以，这也是一个窍门，即通过这种认同对方亲情的方式获得并建立友谊。这是不是可以说是一种利用？也不完全是。我们欣赏对方，认同对方，也要有一个恰当的方式。所以，人际交往方面，如果采用互相尊重的方式，往往会收到很明显的效果，社会空气也能随之得到某种程度的净化。对此，儒家是上升到治国理念上来认识的。

> 曾国藩和胡林翼成为好朋友，两个人精诚团结的例子告诉我们，在社会生活和人际交往中，重视相互之间的亲情，可以达到一种很好的沟通效果。《孝经》中也谈到了忽视亲情，一味用严刑峻法来治理社会所带来的一些问题。那么，这会带来什么问题呢？

三、如何推广孝道

这个思想，按孔夫子在《孝经》中所说的，"君子之教以孝也，非家至而日见之也"（《孝经·广至德》），"家至而日见"是什么意思？就是政府派人，每天都到你家里来，指导你，告诉你怎么做，你必须这样做，然后三天两头来检查。孔夫子说，这种推广孝道的方法是不对的，"家至而日见"是一种劳而无功的方法。

在中国历史上，有一个人比较善于用这种方法，就是天天去，然后用强力的手段来管理老百姓，一开始确实也起到了一定的效果，但是也埋藏了巨大的隐患，这个人就是汉朝的赵广汉。他在颍川这个地方做官，颍川到处都是豪强，都是豪族，怎么管理这些人呢？他有他的办法。他事先找来了几个大家族的人谈话，谈话以后，他把这些人放出去，然后传出去一些话，说这些人揭发检举了某些人。实际这些人揭发检举了没有？没有，他是故意放出这样的口风。这个风一放出去，其他的大家族对这几个人和他们的家族就都不满意了。赵广汉反反复复用这个办法，在这个过程中，他又发展了几个卧底，就是用奸细，按现在的话叫线人，这些人总给他提供情报。综合运用这些方法的结果，是最终导致了这些大家族之间矛盾重重，甚至互相揭发、互相检举。这个时候，赵广汉高兴了，因为这样一来，这地方就好管了，各大家族之间谁跟谁都不团结，甚至家庭内部互相争斗，到处都有他的眼线，谁背后做什么，他都知道。用这种方式治理，居然使这个地方很稳定，百姓也不敢闹事。为什么？因为你一闹事，身边就有人牵制你，早就把你揭发了，你团结不了别人，你想找别人，别人也不敢与你联合。所以，赵广汉治理下的颍川，人和人之间就没有信任感，一时间也不容易闹事，这就是他的统治秘诀。但是他的这番权术，把颍川民众的伦理道德基础破坏得相当厉害。不久，他就被朝廷调走了。

他的继任者叫韩延寿，韩延寿与他上一任的做法正好相反。韩延寿就把一些老先生、一些家族的族长请来，对他们说，你们好好地过日子就行了，不要互相揭发，我也不听这些，大家一定要注意家庭伦理道德的维护，不要损害相互之间的信任，不能人人自危。开始的时候大家将信将疑，以为这是他放的烟幕弹呢。但是，过了一段时间大家发现，有人来告密，他一概置之不理。后来，他又陆续制订了一些规则，引导民间婚丧嫁娶的习俗，成效显著。经过韩延寿如此治理，短期内，颍川淳朴的民风就又回来了，家家户户又见孝友之风了。

后来，他去别的地方做官，时间一长，官府的这些人被韩延寿约束得也感觉闲着没什么事干了，地方上有事，韩延寿也不太管，而是鼓励民众自理、自治。于是，手下办事人员就给他出主意说，大人啊咱们能不能到下面视察一趟啊，总在上面呆着，民情也不了解，老百姓是不是很听话也不知道，咱们还是下去看一看吧！韩延寿说不行，绝对不行！下去干嘛？扰民！绝不可以扰民。我就在这儿呆着，通过提倡家庭和睦来治理颍川，我相信这样肯定能让老百姓过上好日子。但他也不是绝对不下去视察，偶尔他也下去一次，就发现一般情况下百姓的生活都很好。有一次，他下基层体察民情，正好碰着一件事，是一家兄弟两个人为争田产打起来了。要是按照以前那位赵广汉赵大人的做法，这两个人当时就被锁拿回衙门，严厉处理。可是韩延寿没有，他问清楚了缘由后，便悄然地离开了。回去之后，韩延寿闭门思过，反省自己的不足。然后，手下人把话就传出来了，说我们韩大人在想，你们这哥俩儿能够如此地不顾手足之情争夺财产，实际上是他的失误，作为地方官他没把大家引导好，他很自责，你们俩倒没什么，你们就接着争吧。这两个人受不了了，良心不安了，经过深入地自我反省，兄弟两个做了一个惊人的举动——把各自的头发剃了。当时讲究"身体发肤，受之父母，不敢毁伤"（《孝经·开宗明义》），没有特殊的原因人是不能剃头的。在古代，如果发现一个人的头发被剃了，往往就表示这个人是受了刑罚的罪犯。因为被剃头，是一种名叫髡刑的刑法，受了这个刑罚的人，虽然没有肉体的损伤，却是对人尊严的严重打击。现在这兄弟两个人因为悔罪把自己的头发给剃掉了，他们认为自己应该受这种处罚。最后兄弟两个人来找韩延寿承认错误了，说我们两个人再也不会因为争夺钱财破坏我们之间的亲情了。从这件事上看，韩延寿的治理方法，是以感化人为主，而不是制裁。韩延寿是典型的儒家治理方式，就是让百姓懂得伦理的可贵，养成谦让之风，而不需要额外地去做什么。古人把这种方法，称为儒家的"无为而治"，它不是让人去做人性之外的事情，而是鼓励人们顺着善良的天性去做事。

> 从上面的两个例子我们可以看到，重视亲情和忽视亲情，治理地方的效果是大不一样的。但这会不会是特例呢？如果换一个地方，换一个人，同样用重视亲情的做法治理地方，会是一个什么效果呢？

四、人格魅力的巨大作用

历史上还有一个人比韩延寿做得更突出，此人就是西汉末年、东汉初年的卓茂。为什么说卓茂比韩延寿做得还突出、还有效果呢？这与他的个人性格有很大关系。他的性格，大概属于比较柔和的那种，这种性格的人，对人往往比较有人情味。

举一个例子。他开始在丞相府给人家做事的时候，有一匹马，这马跟他好几年了。一天，他正牵着马在大街上走着，有人突然拦住他说："这马是我丢失的，你得还给我！"他就问这人：你的马是什么时候丢的？对方说这匹马我丢了有几天了。可是这匹马跟卓茂已经有好多年了，他知道这个人弄错了。但一看这个人着急的样子，知道他不是个骗子。天性宽和的卓茂对这个人说："你要认准是你的，你就牵走吧。""当然是我的！"那个人以为卓茂理亏呢，理直气壮地把马牵走了。卓茂赶忙叮嘱了一句："如果你以后哪一天发现搞错了、找到了你的马，就请把我这马送回来！""放心吧，这马就是我的，我还能找到两匹吗？"过了没几天，那个人就把马给送回来了，很惭愧地说："我那马回来了，当时的确是我只顾着急了，没细看，搞错了，实在对不起！"这下卓茂的名声就传开了，人们都知道他待人和气，与人为善，极有涵养。

后来，朝廷让他到密县当县令去了。到了辖区，他仍是用从人性的角度来治理地方。经过一段时间，民风大有改观。有一天，忽然一个人到他这儿来告密说，我要举报。卓茂说你要举报谁啊？来人说我要举报我们那里的亭长。对"亭长"大家应该有个印象，汉高祖刘邦起事之前不就是亭长吗？亭长是维护地方治安的小官。这个人告诉卓茂，那个亭长收我的礼了。卓茂说："别人收你的礼了，那你要举报他，控告这个人违法，是不是？""是，就是这个意思。"他又问："他收你的礼，是你主动给他的还是他索要的呢？除了这两种情况，还有一种情况呢，就是这个人对你有过大力的支持，你想感恩。这三种情况是哪一种呢？"来人说："不是索要的，人家没向我要，也没什么感恩，他也没对我做什么好事，是我主动给的。""既然是你主动给人家的，为什么还要去告人家呢？"这个人尴尬地解释说："我不主动送他，我是想，他万一要对我不好呢，所以就主动送给他了。"原来如此！这种事情，要是放在以铁腕手段治理地方的赵广汉手里，早就把相关的人抓起来了。可是这样一来，这个官员队伍也是人心慌慌的，而且这个人举报的理由也非常牵强。卓茂说："你这样做也不合适，东西是你送的，不是人家索要的，你所说的这些做法属于礼尚往来的范围。但这事我不会不管。"这个人就听他的，走了。消息慢慢传出去后，那个亭长也听说了有人举报他，就立即到卓茂这里来主动承认错误。卓茂说，我们要有一种亲情关系，这是一个大家庭，谁送点东西什么的，这都是礼尚往来，只要你们"不过杠"就可以了，我不主张互相告来告去。这样，他既巧妙地化解了一场官司，也用这种方式对亭长提出了警戒。这样一来，互相告发的事没有了，慢慢地，此地"教化大行"（《后汉书》卷25《卓茂传》），这个地方的民风变得非常得好，可以说是路不拾遗、夜不闭户。个别人即使有心做坏事，因为卓茂的人格力量，也不好意思——他们不忍心欺骗他。但是，他的上司早已习惯于用强力介入的方式来治理民众了，对他淡化处理一些举报事件很不满，甚至还怀疑卓茂是否真的有治理的才能。于是，就派了人做卓茂的副手，嘱咐他看着卓茂。这个人观察了一段时间，觉得卓茂是个了不起的人，既有人格魅力，也有做事才能，完全能够胜任。太守还是不信，就自己亲自来察看民情，通过实地考察，他终于信服了。

由此我们可以总结出卓茂在治理过程中表现的是两步曲：第一步是树立良好的人情伦理风尚，第二步就是尽量不干扰民间的自由发展。他的做法和韩延寿运用的是同一个原理。

　　儒家从孝道出发，引申出了人与人之间相处应该具有的一种良好关系，那就是人际间的一种亲情关系。那么，儒家的做法如果推而广之，会达到一种什么效果呢？这种效果在民间又是如何表达的呢？

这样的做法，再推广开，按孔子讲的就会收到很神奇的效果了，就会有感应。什么叫感应？就是"此感而彼应"，这边做事情那边就有相应的表现。孔子曾说过："孝悌之至，通于神明，光于四海，无所不通。"（《孝经·感应》）意思是，孝悌精神发挥到了极致效果，普天下都会受其影响，一切都显得是那么贯通和顺畅。这里，孔子谈到了"感应"的问题，并没有讲神秘的东西，可是这个"感应"问题一到民间，那就不得了了。民间往往把这个感应说得神乎其神，常见的表现是，传说哪位做了什么特殊的孝顺父母的事情，这边刚做，那边就有奇异的现象出现了。比如哪里因孝感天地，长出来一个灵芝什么的。在中国历史上，这类的记载很多，虽然牵强附会、没有多少科学根据，但这又表达了老百姓的善良愿望。

五、心理感应与心性修养

我举一个例子，就是大家都知道的《二十四孝》。《二十四孝》有几个故事，实际上是民间的传说，你要是认真思考一下，就会发现里面有问题。比如，《二十四孝》中有一个"卧冰求鲤"的故事，什么情节呢？故事大致是说晋朝有一个孝子，叫王祥，他的母亲去世很早，侍奉后母也非常地尽心。有一天，后母要吃鱼，可这是什么时候呢？这是冬天，是什么地方的冬天呢？为此，我还特意查了一下资料，了解到王祥是山东人。山东的冬天啊，河面都是冰封着的，上哪儿抓鱼去呢？孝顺的王祥，做出了个令人匪夷所思的举动：他把自己的衣服解开了，露着身体，趴在河面的冰上！打算用身体的温度融化河面的冰，然后再抓河里的鱼。王祥就这么趴在冰上，等着冰的融化。冰会因他的那一点体温就融化吗？稍有生活常识的人都知道这很难！那么就这么趴着，会不会有奇迹出现呢？奇迹不会出现，感冒倒是非常有可能发生！可这是我们正常人的理解，传说中不是这么说的。话说王祥这么一趴啊，感动了河里的鱼，那鱼就主动穿过河面的冰蹦了出来！真的吗？是传说嘛，岂能当真！我不知道历史上有没有人真学王祥往冰上趴，但我估计很少，因为按常理，生活中的正常人还是多数。对于《二十四孝》中的这则故事，大家知道这是个传说就可以了，它不过在表达一种善良的愿望：一个青年人对后母非常孝顺，真诚到了超越常理的地步，鱼儿跳出冰面的情节，是一种艺术虚构，与童话里的奇迹是一个道理。

还有一则叫"哭竹生笋"的故事，说的是三国时候，吴国有一个人叫孟宗，大冬天的（这类故事一般发生的季节不是严寒就是酷暑，这样尽孝的难度会加大，有难度才会有超常的努力，有超常的努力才容易凸显神奇的感应），他母亲想喝鲜笋汤！冬天哪儿来的鲜笋呢？可是母亲非要喝不可，孟宗很孝顺，就到处去找。上哪儿找去啊？这时候根本没有野生的笋啊。最后，他绝望了，他就对着一片竹林嚎啕大哭。这能有什么效果吗？没有效果。没有效果不行！编故事的人要求这个地方必须出效果！于是，竹笋立即从地底下疯长出来啦！孟宗把这些鲜竹笋采集回去，给母亲做汤喝，一幅天伦之乐的图画就呈现出来了。这个也仍然是传说，仅是为了表达孟宗的孝心而已，读者明白就行了。要想冬天长竹笋，靠哭肯定是不行的，有了现代的塑料大棚，也许还可以商量。

我们对待这类故事，要把握的无非是其中蕴含的一种善良的愿望。这里我们不要轻易说古人愚昧，不懂得科学常识之类的话。事实上，古代也没有什么人以故事中的主人公为榜样，趴在冰上或对竹子痛哭，他们知道这不过是一个夸张的传说而已。

儒家讲的感应，不是这个层面的感应，儒家讲的感应，乃是人以发自内心的真情做事情，一定会影响你周围的人，并由近及远，逐渐对整个社会产生良性的影响。这种感应，完全是人为的、理性的，是可以解释的。

我们讲了这么多孝子的行为，他们以家庭伦理为支点，通过各种各样的人际关系，向整个社会传递着人性的温暖。而且，具体在做的时候，不仅仅要有善良的愿望，还要有具体的形式。有些形式是经过时间检验，才慢慢沉淀下来的，它们为一般民众所遵守，并对孝道实践起到了不可替代的关键作用。那么，这些形式到底都有哪些？作为一个孝子，到底要怎样去做？我们下次接着讲。

【坛下独白】

这一讲主要谈的是孝道的传播途径。这个途径很简单，每一个内心充满了亲情温暖的人都是一个光源、热源，都会向四面八方持续不断地发出光和热。儒家对这一点认识得很清楚，特别强调"孝，德之本也"，孝是一切德行的源头，在政治伦理关系上也不例外（"求忠臣于孝子之家"）。

忠和孝的关系对现代人来说是个饶有兴趣的问题，也是一个颇有理论深度的问题，这个问题我在节目里无暇谈及，就在这里说一说吧。

古人以家庭伦理用之于政治生活，以说明忠君的合理性，这种做法最为现代人所诟病。我常常在想，古人这样做的用意到底是什么？这样做对于百姓到底意味着什么？我发现，抛开现象，就其性质而言，实则古人是在谈人性对政治伦理的统摄，即给赤裸裸、冷冰冰的权力裹上了一层人性的外衣，将政治伦理置于人性的关照下，这里蕴含着一种对权力改造的努力。相对于将孝道划为私德、将忠于国家划为公德的现代流行做法，传统的这种一以贯之、忠孝同构的理论有它特殊的价值和深刻性。

那么，忠与孝会不会发生矛盾冲突呢？在古人眼里，孝与忠都具有无比的正当性，狭义的孝是家门内的道德，忠则是对君上和国家负责，后者是前者合乎逻辑的延伸。这个原理放到具体的历史环境里是很好理解的。比如，在疆场之上，将士们的任务就是奋勇杀敌、报效国家。如果有人为国捐躯了，从家庭的角度来说是绝大的损失，但孝道不会阻碍一个人去疆场效命的，儒家认为"战阵无勇，非孝也"，真正的孝子此时此刻一定是置自己安危于不顾的忠臣，此时如果要他远离战场，回乡侍奉母亲，很多有教养的家族认为这是家族的耻辱，不会容忍他这种打着孝道幌子的逃避行为。这里，古人的伦理取向就不是在忠、孝二者之间取舍，而是尽忠同时便是成就了孝道，不能尽忠就是不能尽孝。这个原理能否为现代人接受，关键在于这项在古代需要人尽忠的事业能否经得住历史的检验具有正当性？如果拥有正当性（如在进行反侵略战争、捍卫自己的生存权），则尽忠即是尽孝就有合理性了。其实，古人对君主行为也不是盲从，也有独立的判断标准，历史上很多君主是要不断面临"正义"的拷问的。现在对于《四郎探母》这类剧目的价值取向仍存在争议，我们就知道忠孝关系仍是一个开放型的话题，仍有相当大的需要进一步讨论的空间。

刻木事亲

　　故事说：孝子丁兰十五岁丧母，因为怀念母亲，就用木头刻了一座母亲的雕像，时时参拜，当作母亲来供养。图中，丁兰正向父母的雕像参拜，一旁站立的则是丁兰的妻子。后人有诗曰："刻木为父母，形容日在身。寄言诸子侄，及早孝双亲。"

第七讲

长大成人

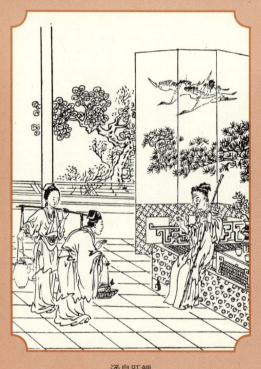

涌泉跃鲤

　　图中着力展现了东汉著名孝子姜诗夫妇尽心侍奉老母的情景。后人有
诗云："舍侧甘泉出，一朝双鲤鱼。子能知事母，妇更孝于姑。"

一个人从呱呱坠地，要经历儿童、少年、青年各个时期，直到进入社会，独立生活，才能算是成年了。那么，在中国古代社会，一个人成年的标志是什么呢？古代人的成年标志，在今天还有意义吗？

在现代社会，一个人成年的标志，是达到了18岁的法定年龄。但很多人是在进入社会、独立生活以后，才开始真正成熟，才感觉到自己是一个成年人。而在中国古代社会，一个孩子长大以后，他的成年标志又是什么呢？古代人的成年标志，在当今这个时代，对于一个人的成长，又有什么意义呢？

一、礼仪之邦才有孝

礼仪对传统中国人来说，有特殊的意义。在历史上，一个时代内如果发展得好，我们有一个名词来形容它，叫做"礼仪之邦"。外国人说中国是"礼仪之邦"，那是对我们的一种赞美，我们也感到很自豪。历史上出现了战乱或重大变故，社会整体的道德风尚出现问题了，我们也有一个词来形容这个现象，叫"礼崩乐坏"。意思是这时候社会没有伦理底线，道德沦丧，风俗凋敝。因此，在社会上如果要想把道德风尚、民俗调整好，一定要用"礼"。

孝道在生活中要逐渐地推广，它不能没有形式。在《孝经》中，孔子特意点出了它的形式——这就是礼，一定要用礼的形式来表现你对长辈的孝顺、对晚辈的爱护。讲究礼，也是咱们中国文化的一个非常突出的特点。

孔子在《孝经》中就这样告诉我们："移风易俗，莫善于乐。安上治民，莫善于礼。"（《孝经·广要道》）前面一个字"乐"，后面一个字"礼"，两字连起来的意思就是礼乐文明。孔子对此是非常重视的，他认为移风易俗、安上治民最好的方法是用礼、乐。

中国人非常注重礼。最早的礼，比如说弟子礼，我们现在社会上很多小朋友在学《弟子规》，甚至一些成年人也在学，这是好事，这个跟孝道也有很大的关系。其实，《弟子规》就出于孔子在《论语》中的一句话："弟子入则孝，出则弟，谨而信，泛爱众，而亲仁。行有余力，则以学文。"（《论语·学而》）这句"弟子入则孝"，讲的就是孝道，逐渐推广开，才形成了《弟子规》这部书。《弟子规》，把我们对孝道的这种认同落到了实处。

二、长大成人的礼仪

当然，中国历史上的礼，博大精深，包罗万象，方方面面都有，我们今天再讲一个很重要的礼，就是冠礼。冠礼是古代成年男子到20岁的时候举行的一个仪式——加冠礼，行过了加冠礼，就代表你成人了。其实，女孩子到一定年龄，也要有一个仪式，那叫笄礼，所以冠礼跟笄礼加起来，我们可以统称为成人礼。

为什么一定要有成人礼呢？成人和不成人有什么不同吗？当然有不同。一个人成人了，表示他要承担家族兴衰的重要责任了，家族的繁衍他也要承担责任。他面向社会的时候，作为一个成年人，是有责任感的。所以，一个经过成人礼的青年人，社会是对他另眼相待的，他是有荣誉感在身上的。因此不是说过了某个年龄，比如过了20岁生日，自然就成人了，不是这样简单的。

具体说，成年礼有这么几个比较重要的细节，本身有很深的含义。就拿青年男孩子来讲，在做成人礼的时候，要给他加三道冠，三道冠就是有三个帽子要给他戴上，不是说帽子戴一起，而是戴完这个，拿下去，把第二个再给他戴上，这是一个仪式。第一次戴的冠，叫做"布冠"——布做的"冠"——什么意思，有什么用意？意在表明这个人在生活这方面，已经完全能够自己为自己负责任了，已经有这个能力了，因此带上这个冠。随后给他带上一个叫"皮冠"，皮做的，有人说是鹿皮做的，戴上这个表示什么？表示这个男孩子有"勇武之心"，是刚健有力的。最后，再给他戴上"爵冠"，爵冠戴上，就表示他是知书达礼的一个人，是有文明修养的一个人。在这个过程中，他的父亲还会从台阶上走下来。从台阶上走下来说明，这一个家族出现了一个新的男子汉，代表这个家族的传承，这是有寓意的，所以这里有很神圣的氛围。一个人如果经过了成人礼，他就会有一种自豪感，在社会上就会受人尊重。

这个成人礼如此重要，古人相当看重它，孔子也是一样。有一个故事就发生在孔子那个时代。当时是鲁哀公十一年，齐国大举进犯，都已经打进鲁国境内来了。鲁国国力很弱，没办法，只能全民动员抗击外敌。这次全民动员，其中有一个小孩子姓汪，叫汪踦，为什么说小孩子，因为他不是成年人，没有行过成人礼，才十几岁，他也跟着成年人去打仗了。按说打仗都是成年人的责任，但他也去了。后来，这孩子在这次战争中牺牲了，尸体运回来了，当事者感觉很为难，不知道该按什么规格来为他下葬。一般的战士回来之后，鲁国都是按照成人的标准，给他做一个很隆重的为国捐躯的战士的葬礼。可他不是成年人，还是个孩子，孩子在未成年的时候死了，当时有一个特殊的礼叫殇礼，他不是成人，也不是战士，只是一个小孩子，按照殇礼来做，当事者又觉得表达不了人们对孩子的感念、对他的表彰，所以纷纷感到很为难。最后，大家就找到了孔子，孔子听到这个消息之后，说，这个孩子现在能够"执干戈以卫社稷"（《礼记·檀弓》），拿着武器保卫国家，就不要把他当孩子来对待了，这已经是成年人了，已经担负起这神圣的责任了。所以孔子讲，"可以不用殇礼，可以用成人礼"。孔夫子这话一锤定音，这汪踦，少年英雄，就享有了战士的葬礼。

　　在一个人生命的成长过程中，成人礼是如此地重要，它带给人一种成人的荣誉感。这种荣誉感，可以让一个人认识到自己不再是孩子，他应该肩负起成人的责任。而在儒家的孝道中，成人礼之后，还有一个很重要的礼，这就是婚礼。那么，儒家对婚礼又是怎样的态度呢？

三、儒家对待婚礼的态度

　　婚礼对于一个家族来讲也是至关重要的，合两姓之好，会有新一代家族成员出现，这个跟孝道关系也是极为密切的。在孔子晚年的时候，鲁国的国君是鲁哀公。鲁哀公有一次把孔子请过来，跟孔子聊天，说自己的一个感想：他最近一直在关注婚礼，但是他觉得传统婚礼的有些细节规定不合理。比如说，结婚的时候要求男方去接女方。新郎一定要去接新娘吗？不能新娘自己来吗？他说我是鲁国的国君，我去接新娘？这个不合适吧？这个有必要吗？小题大作了吧？他把这个想法跟孔夫子探讨，因为万一孔夫子说是小题大作，新郎没必要去接新娘，那他就有了权威的支持，就可以进行礼仪改革了。但是孔子没顺着他的思路讲。孔子说，新郎一定要去接新娘的，因为妻子对你来讲是非常重要的。孔子说，"三代明王之政，必敬其妻子（也有道）"（《礼记·哀公问》）。"三代明王之政"，就是历史上贤明的圣王，他们统治天下的时候，留下了一个好的传统，就是对自己的妻子要好，一定要尊敬她们。为什么呢？孔夫子是从家族的神圣祭祀这方面来讲的。妻子，她将来是要参与你家族祭祀的，而祭祀是面对列祖列宗的。你知道她在这里面起了多重要的作用啊！所以你要对她非常郑重地表达你的那种感情。

婚礼是儒家一直重视的。儒者主张作为男人要尊重自己的妻子；也有很多贤慧的妻子，对自己的丈夫给了充分的支持，尤其是丈夫处在摇摆的状态中——什么事情拿不准了，立场有点不坚定了，有些贤慧的妻子在这个时候能够表现出她坚定的态度，让丈夫把自己的道德修养一以贯之地表现出来，不会中途转型。

讲一个故事，说汉朝有一位隐士姓王，叫王霸。王霸这个人品德很高，不愿意去伺候那些达官贵人，年纪轻轻就归隐了，就不到繁华的地方去，也不给人家做事，靠读书、耕作过日子。他的妻子看到他这样，打心眼里佩服他，有这样贤慧的妻子，就很认同自己丈夫有这种高洁的情操。两个人一直是相敬如宾，日子过得很好，虽然说他是社会的边缘人物，跟当时主流社会的达官贵人保持相当的距离，他的妻子也没有什么怨言，不仅没有怨言，而且很自豪。两个人也有一个孩子，这个孩子跟他们住在一起，经常到田里一起去干农活。

这一家不是过得很平静吗？

有一天，王霸的一位好朋友打破了他们一家的平静生活。王霸年轻的时候，有一个好朋友，这个好朋友叫令狐子伯，复姓令狐，他在选择人生方向的时候，跟王霸不一样，令狐子伯就选择了做官，当年的王霸视功名如粪土——无所谓，我就不去做官，两个青年人分道扬镳了。多少年过去，这个王霸不是有孩子了吗？人家令狐子伯也有孩子了——令狐公子，这个孩子也是做官，年纪不大，也做官。这个令狐还很念旧，告诉他的孩子，你去看一看王霸，他是我当年的好朋友，令狐公子就来了。这令狐公子穿着华丽，举止潇洒，见过大世面，什么层次的人都见过，到王霸这儿来。王霸的儿子不是在田里干活吗？听说家里来客人就跑回来看，这个一对比，就看他这儿子蓬头垢面，你看这令狐公子那是一表人才，风流倜傥，而他这个儿子倒是朴实得不得了。王霸心里有点不是滋味，做父亲的有点心里不舒服了。这么多年，我儿子这样，这不比较我天天觉得我们这家几口人还好一点，这一比较，差距这么大呢？令狐公子侃侃而谈，然后人家扬长而去了。这孩子怎么样咱不说了，王霸的夫人就见王霸不说话了，沉默了——平时话挺多的，也不说话了，自己回到屋里往床上一躺，也不说话，沉默了。妻子知道他有心事，她说你干嘛，这什么意思，你心情不好？他说，你看看咱们儿子，跟人家比得了吗？是我给了孩子这样一个结局。这个时候，就得说说他这位非常贤慧的妻子了。他妻子说，夫君啊，当年你选择的这条路是对的，我就支持你，我觉得你是了不起的人。今天呢，我还是觉得你是了不起的，咱们日子过得很自在，咱们不受那些外在的束缚，这挺好的，孩子也没有什么不好的，你不应该这样。这一说，王霸一下子又想通了，马上就坐了起来，非常感谢妻子。试想一下，这时候他妻子要说别的——说你看你这多年怎么怎么不如别人，估计王霸就可能有另外的选择

孝里有道

122

了，人生的方向就有可能发生变化。所以他最后在历史上有那样的名声，在某种程度上是他的妻子成就了他。

> 　　在婚姻生活中，贤惠的妻子可以让丈夫不为外在的因素诱惑，从而坚持自己的道德理想，这是妻子成就了丈夫。而在中国历史上，还有另外一个例子，一个道德高尚的丈夫，拒绝了皇帝的好意，坚决不抛弃自己的结发妻子，这可以说是丈夫成就了妻子。那么，这又是怎样的一个故事呢？

四、拒娶光武帝姐姐的宋弘

　　我们再给大家举一个例子：丈夫帮助妻子的，不是一般的帮助。这个丈夫呢，姓宋，叫宋弘，是东汉初年人，官做得挺大的。他有妻子，自己的仕途也很顺利，当时的皇帝，也就是汉光武帝刘秀对他也很器重，这不都挺好吗？这时候，有人看上他了。咱们先交代一下宋弘这个人，他长得是一表人才，而且很有正气。谁看上他了呢？是长公主湖阳公主。长公主跟公主不一样，长公主是皇帝的姐妹，公主是指皇帝的女儿。这个湖阳公主，就是光武帝刘秀的姐姐。这个时候，光武帝的这个姐姐刚刚丧偶，此时她已经开始物色下一任丈夫了。物色来物色去，她就盯上宋弘了。她挑宋弘是有原因的，宋弘有两件事情给她印象非常深。这两件事都是大家传开的。一件事情，宋弘曾经给刘秀推荐了一个高级的参谋人员，这个人是智囊型的人物，让他到光武帝刘秀那儿给刘秀出谋划策，这个人叫桓谭。光武帝刘秀跟桓谭一谈，就发现这个桓谭不仅仅能考虑大政方针，还多才多艺，会弹琴。一来二去，光武帝刘秀也不太愿意总谈什么国家大事，干脆经常给我弹个曲子得了。桓谭心想，干什么都是干，只要跟皇上在一起，皇上器重就可以了，弹琴就弹琴吧。由于他琴弹得好，皇上非常欣赏。可是宋弘知道以后，就不乐意了——我当初把你推荐给皇上，是让你弹琴的吗？现在你辜负我了。他就把桓谭给叫来了，告诉桓谭说：你以后不能弹琴，你必须得在政治上提出你的主张，让国家在政治方向上越发展越好，你不能弄这些吃喝玩乐的东西，你再这样的话，我就不客气了。由于宋弘当时官拜侯爵，因此桓谭听了心理压力很大。

这一天呢，刘秀又把大臣叫到一起，还是议事，然后也是想放松一下，就让桓谭再弹琴——你不是弹得挺好嘛，再来。他还不知道桓谭曾经被宋弘叫过去训斥过一顿。桓谭也不敢不弹，此时宋弘也在场，在弹琴的过程中他总拿眼睛瞟宋弘，宋弘就拿眼睛瞪他。光武帝一听这个琴音，怎么走调了呢？不对，你这琴怎么弹的，从来没有这样过啊！桓谭就紧张得不得了。宋弘说，是我盯着他，我斥责过他，所以他现在弹不好了，他就不应该弹这东西。这样一说，后来皇帝没办法了，那你以后就别弹琴了，还是在给我提意见、给我当参谋这方面发挥你的才智吧。这件事情很快传开了，大家都认为宋弘这个人很耿直。

还有一件事，就是光武帝不是喜欢弹琴、听琴吗？他还喜欢绘画，那天他弄了一套新屏风，画的全是美女，这让他感觉心花怒放，画得太好了，艺术水平也高，反正怎么看怎么舒服。当天，跟大臣们在一起议事的时候，总是魂不守舍，总拿眼睛看自己的屏风，越看越舒服——心思溜号了。这时候宋弘来了一句话，说皇帝，"吾未见好德如好色者也"（《论语·子罕》）。他把孔子在《论语》中的一句话搬了出来。一般的人都是好色，皇帝也是这样，好德却远远不够。他引用孔子的话直接讽喻皇上——你这个人，就是好色不好德。皇上一听，不就是因为我看这个屏风吗？把屏风撤了吧！然后皇上说，你看我改正错误还挺快吧？跟他开了个玩笑，自嘲了一下。

大概这两件事情，尤其是后来这件事情——宋弘讨厌好色，传到了长公主的耳朵里，湖阳公主就决定：非他不嫁。但是，你嫁人家也要考虑人家的实际情况，人家是有妻子的，怎么办？虽然那个时候不排斥一夫多妻制，可是如果宋弘不能把她当作唯一的妻子，她心里也不能接受。所以她就跟汉武帝说，你得给我想办法，无论如何要让他休妻！然后让他娶我。光武帝对这个姐姐挺好，感情挺深，可这个事情是真难办啊！难办也要办啊，于是就把宋弘叫来商量。宋弘来了，这事怎么说呢？不能说我姐姐看上你了，这很难张口啊。光武帝刘秀还是很有智慧的，他就想了一个迂回的策略。他跟宋弘说，听说现在这个社会上流行了一句谚语——这社会是什么社会呢？东汉初年，刚刚打下来天下，所以很多有战功的人富贵之后，就把自己的妻子换了。那时候，这种事情司空见惯。光武帝刘秀说，有那么一句俗语，叫"富易交，贵易妻"，我觉得这句话说得还有点道理。什么意思呢？"富易交"，就是富贵了——我现在不像原来了，我现在有钱了，那我的朋友就得换了，原来你是我的朋友，现在你就不是我的朋友了，因为你的经济实力跟我不在一个层面上。这叫做富易交，交就是朋友。"贵易妻"呢？我的社会地位变了，那原来的妻子就配不上我了，就得换。当时就流行这样的一个谚语，或者是这样的一个口头语。所以，他跟宋弘说，现在流行这句话，挺有道理，实际想试探试探他。如果宋弘说，是有道理，那他马上就端出来了——那你看我姐姐早就看上你了，你就按这个谚语来吧，就行了。他这是在试探宋弘的态度。可是宋弘听了之后，断然地、表情非常严肃地说了一通话，这通话说得是掷地有声，他说"贫贱之知不可忘"。贫贱之知就是知音、知交，贫贱的时候交的朋友我们不能够把他抛弃了；下面这句话是"糟糠之妻不下堂"，患难与共的妻子，即使长相不好，地位也不行，但也"不下堂"，即绝不能随意抛弃。这个话一说，光武帝刘秀他事先打了个埋伏——跟他谈话的时候让他姐姐在屏风后面听着呢，现在他一下子觉得这码事完了，情急之下脱口而出："这事完喽！"他都忘了这个事情是背着人家宋弘干的。他姐姐在后面一听，也很失望，但是同时也非常佩服宋弘，认为这个人道德修养很了不起。

所以这个成人礼、婚礼都是一个人成长过程中的重要的大礼，要非常慎重、非常隆重地来对待。

儒家的孝道认为，一个人生命成长的完整过程，都是属于孝道的范畴，它包括了成人礼和婚礼。但经历了成人礼和婚礼，还并不能说一个人真正的成熟，它只是一个人成年的标志，而长大成人，还需要一种内在的不断修养，它贯穿了生命的始终，体现了生命的尊严。那么，这种内在的不断修养是什么呢？

五、庄严赴死的子路

孔子接着在《孝经》中讲，"言思可道，行思可乐，德义可尊，作事可法，容止可观，进退可度"（《孝经·圣治》）。其中的"容止"，是指人的容貌、举止。"进退"呢，也是指人的行为要进退可据，一定要有自己的理由。不能做事情不知道自己要做什么，没有道义的力量在背后作为支持，这样是不行的。

举一个例子，拿谁来说呢？拿孔门的著名弟子子路来说吧。子路这个人，孔子说他是野人，是说他从前没有受过什么教育，做事情粗枝大叶，却有好勇的精神。孔子教他要有礼，做事要从礼入手。说这个话，就是子路从拜孔夫子为师开始，一直经过中年，直到老年，都要求子路这样做。

子路六十多岁时，做了卫国大夫孔悝的家臣，共同为卫君出公辄服务。出公辄的父亲叫蒯聩，早年间逃亡在晋国，此时带着从晋国借来的兵回了卫国，发生了政变。这个时候，其他的一些贵族都已经被人抓起来了，出公辄大势已去。很多人就从城里往外跑，因为城内已经被叛军控制了。子路听了这个消息之后，却是从城外往城里跑，他想进城去解救孔悝，其实孔悝那些人已经被人家绑架了，他偏要去解救。仓促之间，他只拿了宝剑，没有带长兵器。当时兵器的长短是有说道的，他带着宝剑，因为是短兵刃——这也是他遭遇杀身之祸的一个重要原因。等他冲进去后，发现包括他的一些好朋友都在拼命地往城外逃跑，大家都觉得他这个人很傻。他顾不上许多了，硬是冲了进去。进城后就遇到了作乱的兵卒，他一个人面对那么多人。当时乱军也被他吓住了，因为子路这个人勇冠三军，乱军对他心有忌惮。但是，定睛一看，却发现子路没拿长兵器，只带着佩剑，他们心里踏实了。最终在搏斗中，子路孤军奋战，被这些人包围了。此时的子路已经六十多岁了，跟叛军搏斗了不长时间，他已经遍体鳞伤了。最终由蒯聩指派的一个武士挥戈弄断了子路的冠缨，帽子一下子就歪了。这时已经是到绝境了，可能就是他在这个世界上逗留的最后一段时间了，这段时间干嘛？他要把自己的帽子扶正了，把自己的帽缨重新系上。他边系边说：我听我的老师孔夫子讲，君子没有特殊情况，帽子是不能够掉的，因为这代表一个人的尊严。所以他就把帽子扶正了。不长时间，那也就是刹那间的事情，这些人的兵刃——什么兵刃都有，就向他身上刺来，他被叛军乱刃砍死了。

子路就是这样一个勇敢的人，他在生命的最后一刻还在讲究"礼"。

当年，他拜孔子为师的时候，很多人诽谤孔子，他都出来捍卫师门，最后死得如此惨烈，临死他还要把自己的帽子扶正了。这叫什么？我们说，就是礼。这种礼的精神一直贯穿他生命的最后一刻。人不能没有尊严，礼与人的尊严有直接的关系。他把帽子扶正，是为了尊重敌人吗？不是，这样做是为尊重自己。

六十多岁的子路，在生命的最后时刻，做的最后一件事情就是扶正自己的帽子，然后从容面对敌人的刀斧。他的这一举动，是对自己生命的尊重，捍卫了生命的尊严，这就是历史上著名的"君子死，不免冠"的故事。而在中国南宋时期，也有一个人"临终扶冠"，在生命的最后时刻，保持了一种尊严。这个人是谁呢？

六、"临终扶冠"的朱熹

子路的故事过去了，历史慢慢地发展到了南宋，也发生了一个关于帽子的故事。故事的主角是南宋的一位大儒、大理学家，这个人叫朱熹，在中国历史上被尊称为朱子。他的思想，对中国后来几百年影响很大。可是他活着的时候，却是饱受朝廷的迫害。他的学问、主张，当时被当作伪学来对待。当时任用官员要填一个表，那个表上要写上我不是跟朱熹一伙儿的。有些人光填这个，还怕自己升迁有碍，还要在行动上跟程朱理学的这些人有区别。怎么有区别呢？信奉程朱理学的这些人物，平时对自己的要求都非常严，你要是想跟他区别，就得对自己放松点、放浪形骸一些。所以，有些人平时还不错，这时候为了升官，为了向朝廷表忠心——证明跟他们不是一伙儿的，干脆经常故意地出没于青楼之间，故意招摇引起别人的注意——你看我都到这儿来了，我能跟他们是一伙儿的吗？

朱子当时就是这样一个处境。这种情况下，他仍一直讲学没有停。有人说，你再讲学，可能就会有更大的压力了，就会有更大的祸患。但他不怕，还在讲。临死的前三天，他还在修改《大学》，他要为读他书的人负责，要把自己最后的领悟记下来。他自己知道何时要去世，事先就自己把衣服穿上了，然后就躺在床上，拿着一个板，板上有一张纸，他要在板上写些东西。但笔拿在手里，就落不下去了，因为他已经没有力气再写了。然后，这笔被弟子们拿走了，拿走的时候，稍微不注意，就把他的帽子给刮了一下，帽子就歪了，他此时已经不能动了，也不能说话了。但是，他最后一点精气神都体现在他的眼睛上，他就拿眼睛瞟自己的帽子，弟子们围着一圈——就在这儿送老师嘛，大家一看，帽子歪了不行，把帽子扶正了。帽子端正以后不长时间，朱熹就与世长辞了。他的精神力量保存到了生命最后一息，他是要把帽子戴正，带着自己的尊严离去了。

我讲了两个帽子的故事，意在说明这背后有内在的自尊精神，我们祖先非常重视这一点。

我们讲《孝经》讲到这儿应该说就要告一段落了，孝呢，最后得落到礼上，没有礼的孝是空谈。礼，按儒家讲："礼，时为大"，是说对礼的把握要根据具体的时代，采取具体、相适应的形式，不要拘泥于古代的某些形式，反对食古不化。

还有，就是认识礼的含义是最重要的。如果我们现在想表现我们的庄严，表现我们的敬意，我们没有找到恰当的古代的方法可以参照，那也没有关系，我们可以根据礼的精神自己设计、创造出来一套新礼。这些做法，都是我们祖先所认同的。所以，这次我们学习孝文化，既要继承中华孝道这种精神遗产，又要结合时代进行创造，把这种精神发扬光大，这也正是今天我们这些学习传统文化的人的责任。

【坛下独白】

这一讲主要讲的是冠礼、婚礼。冠礼是一个人成年的标志，古人非常重视，但这种重视不是现代人熟悉的法律或政治角度，而是在生命的意义上的，是对这个年龄阶段的人的生命价值的充分肯定。对于婚礼，现代人一般认为古代男女不平等，婚礼也一定乏善可陈，实际上我们实事求是地看待中国古代的婚礼以及婚姻观就会发现，古人的着眼点和现代人不同。一般说来，古人着眼于婚姻对生命的意义，即婚姻的重要使命在于传宗接代，这是从生命的意义上讲的。现代人是从男女的个体人格上说的，强调个人价值的实现，如能自己满意，是否需要繁衍后代都无所谓。比较而言，古人的婚姻观是从家族整体上讲的，现代人更突出个人意识。孰优孰劣？如果我们只考虑自己，当然现代人的婚姻观无疑是正确的；如果我们考虑到了婚姻对群体的责任和义务，那么古人的婚姻观还是值得我们认真对待的，其中蕴含的群体生命意识对今人来说，也是富有启发的。

我还选择了王霸妻子劝王霸的故事。这是一个妻子赞成丈夫坚持理想主义生活态度的故事，这则故事特别能打动我。在物欲横流的现代社会，夫妻二人中谁要想让生活保有一些理想主义色彩，不被功利化的潮流所吞没，真的很需要另一半的大力支持，某种意义上，这比在物质上提供的支持更有价值。

这一讲我特别提到了朱子。很多人，包括对传统文化所知不多的人，一提到朱子就会蹙眉，仿佛他是最有代表性的文化罪人一样。历史上的什么科举考试（作为官员选拔方法，现在看来未必没有值得借鉴的地方）、缠足、人格委琐、不重视科学，等等，都似乎和朱子有关。一些学者在谈继承儒学精华的时候，往往要申明一下，他们继承的可不包括朱子为代表的理学，我想这一切都是道听途说所致。借做这个节目的机会，我稍微谈到了朱子其人，为的是让观众了解一下这位理学宗师的风骨，为消弭文化虚无主义对我们的影响做一点点事情。

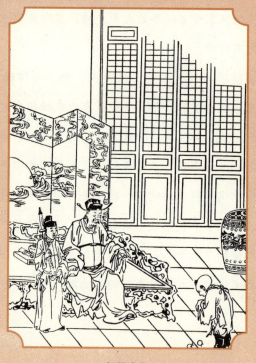

怀橘遗亲

　　故事说：三国时期的孝子陆绩，六岁时有一次跟着父亲去拜见大军阀袁术，袁术拿出橘子招待他们。陆绩乘人不注意，偷偷地藏了两个。临别行礼时，却不小心掉了出来。面对袁术善意的调侃，陆绩跪答说："家母非常喜欢橘子，所以想带回去给她老人家尝尝。"幼年陆绩，已懂得孝顺母亲，实在难能可贵。

附录

《孝经》译注

胡平生

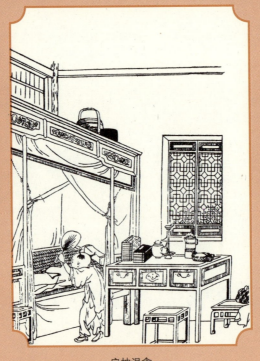

扇枕温衾

　　东汉孝子黄香，九岁丧母，悲伤过度，形容憔悴，乡里称赞。虽家境
贫寒，但事父尽心。后努力学习，终成博学多才之人。当时流传有"天下
无双，江夏黄童"的谚语。图中所绘为孝顺的黄香于酷暑用扇子为父扇凉
的情形。

开宗明义

仲尼居①，曾子侍②。子曰："先王有至德要道③，以顺天下④，民用和睦⑤，上下无怨。汝知之乎?"曾子避席曰⑥："参不敏，何足以知之?"子曰："夫孝，德之本也，教之所由生也⑦。复坐，吾语汝。身体发肤，受之父母，不敢毁伤⑧，孝之始也。立身行道，扬名于后世，以显父母，孝之终也。夫孝，始于事亲⑨，中于事君⑩，终于立身⑪。《大雅》云⑫：'无念尔祖，聿修厥德⑬。'"

注释：

①仲尼：孔子的字。我国传统以伯、仲、叔、季表示排行，"仲"是老二。尼，指尼丘山。孔子得名于故里的尼丘山，名丘，字仲尼。孔子，春秋时鲁国陬邑(今山东曲阜东南)人，生于鲁襄公二十二年(前551)，卒于鲁哀公十六年(前479)，是儒家学派的创始人，著名的思想家和教育家。居：闲待在家里。

②曾子：曾参，字子舆，鲁国南武城(今山东费县西南)人，孔子的学生。据说曾子能孝顺父母，孔子认为他可通孝道，因此向他传授关于孝的道理。侍：陪坐。

③先王：先代的圣贤帝王，旧注指尧、舜、禹、文王、武王等。至德：至善至美的品行和道德。要道：至关重要的道理。要，又有简要、要约的意思。

④以顺天下：使天下人心顺从。顺，顺从。

⑤用：因此。

⑥避席：古代的一种礼节。席，铺在地上的草席，这里指自己的座位。先秦时期席地而坐，在对方(一般是师长或尊者)提问、施礼、祝酒等场合，要回答、回礼、准备饮酒时，坐在席上的人要起身离开自己的席位，表示对对方的礼貌和尊敬。

⑦教之所由生也：古有"五教"之说，即：教父以义，教母以慈，教兄以

友，教弟以恭，教子以孝。儒家学者认为，孝是一切道德的根本，一切教育的出发点。

⑧不敢毁伤：毁伤，毁坏，残伤。《礼记·祭义》乐正子春云："吾闻诸曾子，曾子闻诸夫子曰：天之所生，地之所养，无人为大。父母全而生之，子全而归之，可谓孝矣。不亏其体，不辱其身，可谓全矣。"孔传："能身保全而无刑伤，则其所以为孝之始者也。"以为"毁伤"特指"刑伤"。日本太宰纯说："盖三代之刑，有劓（音yì，割鼻）、刵（音èr，割耳）及宫（割除或破坏生殖器官），非伤身乎；剕（音fèi，断足），非伤体乎；髡（音kūn，剃发），非伤发乎；墨（额上刺字，染以黑色），非伤肤乎。以此观之，孔传尤有所当也。"

⑨始于事亲：以侍奉双亲为孝行之始。一说指幼年时期以侍奉双亲为孝。郑注云："父母生之，是事亲为始。"孔传："自生至于三十，则以事父母，接兄弟，和亲戚，睦宗族，敬长老，信朋友为始也。"

⑩中于事君：以为君王效忠、服务为孝行的中级阶段。一说指中年时期以效忠君王为孝。郑注云："四十强而仕，是事君为中。"孔传："四十以往，所谓中也，仕服官政，行其典谊，奉法无贰，事君之道也。"

⑪终于立身：以建功扬名、光宗耀祖为孝行之终。一说指老年时期以扬名后世为孝。郑注云："七十致仕（离职退休），是立身为终也。"孔传："七十老致仕，悬其所仕之车，置诸庙，永使子孙鉴而则焉，立身之终。"

⑫《大雅》：《诗经》的一个组成部分，主要是西周官方的音乐诗歌作品。

⑬"无念"二句：语出《诗经·大雅·文王》。尔，你，你的。祖，祖先，诗中指文王。聿（yù），句首语气词。修厥德，指继承、发扬光大文王的美德。厥，其。

译文：

孔子在家中闲坐，曾参在一旁陪坐。孔子说："先代的圣帝贤王，有一种至为高尚的品行，至为重要的道德，用它可以使得天下人心归顺，百姓和睦融洽，上上下下没有怨恨和不满。你知道这是什么吗？"曾子连忙起身离开席位回答说："我生性愚钝，哪里能知道那究竟是什么呢？"孔子说："那就是孝！孝是一切道德的根本，所有的品行和教化都是由孝行派生出来的。你还是回到原位去，我讲给你听。一个人的身体、四肢、毛发、皮肤，都是从父母那里得来的，所以要特别地加以爱护，不能轻易损坏伤残，这是孝的开始，是基本的孝行。一个人要建功立业，遵循天道，扬名于后世，使父母荣耀显赫，这是孝的最高标准，是完满的、理想的孝行。孝，开始时从侍奉父母做起，中间的阶段是效忠君王，最终则要建树功绩、成名立业，这才是孝的圆满结果。《大雅》里说：'怎么能不想念你的先祖呢？要努力去发扬光大你先祖的美德啊！'"

天 子

子曰①：爱亲者，不敢恶于人②；敬亲者，不敢慢于人③。爱敬尽于事亲，而德教加于百姓④，刑于四海⑤，盖天子之孝也⑥。《甫刑》云⑦："一人有庆，兆民赖之⑧。"

注释：

①子曰：今文本，自《天子》至《庶人》章，只在最前面用了一个"子曰"，而古文本则每章都以一"子曰"起头，这可能是整理或传抄过程中造成的差异。

②爱亲：亲爱自己的父母。恶（wù）：憎恶，厌恶。

③慢：傲慢，不敬。

④德教：道德修养的教育，即孝道的教育。加：施加。

⑤刑：通"型"，典范，榜样。四海：指全天下，旧说以为我国被四海包围，因此用"四海"代指全国。唐玄宗注以"四夷"释"四海"。"四夷"即东夷、西戎、南蛮、北狄，泛指周边少数民族。意思是天子的孝行与德教，也是四方异族的榜样。

⑥盖：句首语气词。

⑦《甫刑》：《尚书·吕刑》篇的别名。吕，指"吕侯"。周穆王任命吕侯为周司寇(职掌刑狱的最高长官)，吕侯依据夏代实行的法律，以周王的名义颁布了新的规定，即《吕刑》。《尚书·吕刑》孔安国传曰：吕侯"后为甫侯，故或称《甫刑》"。这是说吕侯的子孙后来改封为甫侯，因此《吕刑》也称为《甫刑》。

⑧一人有庆，兆民赖之：一人，指天子。商、周时，商王、周王都自称"余一人"。庆，善。兆民，极言民人数目之多。古代计数，下数以十亿为"兆"，中数以万亿为兆，上数以亿亿为兆；而现代以一百万为一兆。赖，仰仗，依靠。《吕刑》原文下面还有一句"其宁惟永"。意思是：天子有善行，就能够以善事教化天下，天下的百姓都可以信赖他、依靠他，因此便能够长治久安。

译文：

孔子说：天子能够亲爱自己的父母，也就不会厌恶别人的父母；能够尊敬自己的父母，也就不会怠慢别人的父母。天子能以爱敬之心尽力侍奉父母，就会以至高无上的道德教化百姓，成为天下人效法的典范。这就是天子的孝道啊!《甫刑》里说："天子有善行，天下万民全都信赖他，国家便能长治久安。"

诸　侯

在上不骄，高而不危；制节谨度①，满而不溢②。高而不危，所以长守贵也。满而不溢，所以长守富也。富贵不离其身，然后能保其社稷③，而和其民人，盖诸侯之孝也。《诗》云④："战战兢兢，如临深渊，如履薄冰⑤。"

注释：

①制节：指费用开支节约俭省。谨度：指行为举止谨慎而合乎法度。

②满：指财富充足。溢：指超越标准的奢侈、浪费。邢昺疏引皇侃说：不溢，"谓宫室车旗之类，皆不奢僭也"。僭越礼制，追求超过合乎身份、地位的享受，在古代是严重的犯罪行为。

③社稷：社，土地神。古人有"五土"之说，认为土地有山林、川泽、丘陵、原隰（低洼湿地）、坟衍（水滨平地）五类，社是"五土"的总神，后以五色土为象征：东方青土、南方赤土、西方白土、北方黑土、中央黄土。相传共工氏之子勾龙，为管理田土之官，即"后土"，后来被当作土地神，祭"社"时立有勾龙神主（牌位）。稷，谷神。"五谷"有黍、稷、菽、麦、麻，这里举"稷"为代表。上古有烈山氏之子柱，被尊为五谷之神。周人的先祖弃，传说生而有神，擅农艺稼穑，率人民播殖百谷，自商汤以来被祀为稷神。土地与谷物是国家的根本，古代立国必先祭社稷之神，因而"社稷"便成为国家的代称。

④《诗》：即《诗经》。汉代以前《诗经》只称为《诗》，汉武帝尊崇儒术，重视儒家著作，才加上"经"字，称为《诗经》。

⑤"战战兢兢"三句：语出《诗经·小雅·小旻》。战战，恐惧貌。兢兢，谨慎貌。如临深渊，是说唯恐失足坠入深渊。如履薄冰，是说唯恐不慎陷入冰水中。孔传："夫能自危者，则能安其位者也；忧其亡者，则能保其存者也；惧其乱者，则能有其治者也。故君子安而不忘危，存而不忘亡，治而不忘乱。"

译文：

身居高位而不骄傲，那么尽管高高在上也不会有倾覆的危险；俭省节约，慎守法度，那么尽管财富充裕也不会僭礼奢侈。高高在上而没有倾覆的危险，这样就能长久地保守尊贵的地位。资财充裕而不僭礼奢侈，这样就能长久地保守财富。能够紧紧地把握住富与贵，然后才能保住自己的国家，使自己的百姓和睦相处。这就是诸侯的孝道啊！《诗》里说："战战兢兢，谨慎小心，就像身临深渊唯恐坠陷，就像脚踏薄冰唯恐沉沦。"

卿 大 夫

非先王之法服不敢服①，非先王之法言不敢道②，非先王之德行不敢行③。是故非法不言④，非道不行⑤；口无择言，身无择行⑥。言满天下无口过⑦，行满天下无怨恶。三者备矣⑧，然后能守其宗庙⑨，盖卿、大夫之孝也。《诗》云："夙夜匪懈，以事一人⑩。"

注释：

①法服：按照礼法制定的服装。古代服装式样、颜色、花纹（图案）、质料等，不同的等级，不同的身份，有不同的规定。卑者穿着尊者的服装，叫"僭上"；尊者穿着卑者的服装，叫"偪（逼）下"。旧注云，天子衣裳图案有日、月、星辰、山、龙、华虫、藻、火、粉、米、黼、黻十二种纹样；诸侯有龙以下八种；卿、大夫有藻、火、粉、米四种；士有藻、火两种，服饰必须合乎礼法。

②法言：合乎礼法的言论。

③德行：合乎道德规范的行为。一说指"六德"，即仁、义、礼、智、忠、信。敦煌遗书伯3378《孝经注》云："好生恶死曰仁；临财不欲，有难相济曰义；尊卑慎序曰礼；智深识远曰智；平直不移曰忠；信义可复曰信。"

④非法不言：不符合礼法的话不说，言必守法。孔传："必合典法，然后乃言。"

⑤非道不行：不符合道德的事不做，行必遵道。孔传："必合道谊，然后

乃行。"

⑥ "口无" 二句：张口说话无须斟酌措词，行动举止无须考虑应当怎样去做。这是说，因为言行都自然而然地能遵循礼法道德，所以无须反复考虑，细细斟酌。

⑦ 言满天下无口过：虽然言谈传遍天下，但是天下之人都不觉得有什么过错。满，充满，遍布。口过，言语过失。

⑧ 三者备矣：三者，指服、言、行，即法服、法言、德行。孔传："服应法，言有则，行合道也，立身之本，在此三者。" 备，完备，齐备。

⑨ 宗庙：祭祀祖宗的处所。《释名·释宫室》："庙，貌也，先祖形貌所在也。" 古人认为，亲人亡殁后，设宗庙加以祭祀，侍奉死者如同生人，若见鬼神之容貌。

⑩ "夙夜" 二句：语出《诗经·大雅·烝民》。夙，早。匪，通 "非"。懈，怠惰。原诗赞美周宣王的卿大夫仲山甫，从早到晚，毫无懈怠、尽心竭力地奉事宣王一人。

译文：

不合乎先代圣王礼法所规定的服装不敢穿，不合乎先代圣王礼法的言语不敢说，不合乎先代圣王规定的道德的行为不敢做。因此，不合礼法的话不说，不合道德的事不做。由于言行都能自然而然地遵守礼法道德，开口说话无须斟字酌句、选择言辞，行为举止无须考虑应该做什么、不该做什么。虽然言谈遍于天下，但从无什么过失；虽然做事遍于天下，但从不会招致怨恨。完全地做到了这三点，服饰、言语、行为都符合礼法道德，然后才能长久地保住自己的宗庙，奉祀祖先。这就是卿、大夫的孝道啊!《诗》里说："即使是在早晨和夜晚，也不能有任何的懈怠，要尽心竭力地去奉事天子!"

士

资于事父以事母①，而爱同；资于事父以事君，而敬同。故母取其爱，而君取其敬，兼之者父也②。故以孝事君则忠，以敬事长则顺③。忠顺不失④，以事其上，然后能保其禄位，而守其祭祀⑤，盖士之孝也。《诗》云："夙兴夜寐，无忝尔所生⑥。"

注释：

①资：取。

②兼之者父也：指侍奉父亲，则兼有爱心和敬心。兼，同时具备。

③长：上级，长官。唐玄宗注："移事兄敬以事于长，则为顺矣。"

④忠顺不失：指在忠诚与顺从两个方面都做到没有缺点、过失。

⑤而守其祭祀：刘炫认为："上云宗庙，此云祭祀者，以大夫尊，详其所祭之处；士卑，指其荐献而说，因等差而详略之耳。"

⑥"夙兴"二句：语出《诗经·小雅·小宛》。兴，起，起来。寐，睡。忝，辱。尔所生，生你的人，指父母。

译文：

取侍奉父亲的态度去侍奉母亲，那爱心是相同的；取侍奉父亲的态度去侍奉国君，那敬心是相同的。侍奉母亲取亲爱之心，侍奉国君取崇敬之心，只有侍奉父亲是兼有爱心与敬心。所以，有孝行的人为国君服务必能忠诚，能敬重兄长的人对上级必能顺从，忠诚与顺从，都做到没有什么缺憾和过失，用这样的态度去侍奉国君和上级，就能保住自己的俸禄和职位，维持对祖先的祭祀，这就是士人的孝道啊!《诗》里说："要早起晚睡，努力工作，不要玷辱了生育你的父母！"

庶　人

　　用天之道①，分地之利②，谨身节用，以养父母，此庶人之孝也。故自天子至于庶人，孝无终始③，而患不及者，未之有也④。

注释：

　　①天之道：指春温、夏热、秋凉、冬寒季节变化等自然规律。用天道，按时令变化安排农事，则春生、夏长、秋收、冬藏。

　　②分地之利：唐玄宗注："分别五土，视其高下，各尽所宜，此分地利也。"五土，见《诸侯》章"社稷"注。这是说，应当分别情况，因地制宜，种植适宜当地生长的农作物，以获取地利。

　　③孝无终始：指孝道的义理非常广大。从天子到庶人，不分尊卑，超乎时空，无终无始，永恒存在。不管什么人，在"行孝"这一点上都是一致的。

　　④未之有也：没有这样的事情。意思是孝行是人人都能做得到的，不会做不到。

译文：

　　利用春、夏、秋、冬节气变化的自然规律，分别土地的不同特点，使之各尽所宜；行为举止，小心谨慎；用度花费，节约俭省；以此来供养父母，这就是庶民大众的孝道啊！所以，上自天子，下至庶民，孝道是不分尊卑，超越时空，永恒存在，无终无始的。孝道又是人人都能做得到的。如果有人担心自己做不来，做不到，那是根本不会有的事。

三　才

　　曾子曰："甚哉，孝之大也！"子曰："夫孝，天之经也①，地之义也②，民之行也③。天地之经，而民是则之④，则天之明⑤，因地之利⑥，以顺天下⑦。是以其教不肃而成⑧，其政不严而治。先王见教之可以化民也⑨，是故先之以博爱，而民莫遗其亲；陈之以德义，而民兴行。先之以敬让，而民不争⑩；导之以礼乐⑪，而民和睦；示之以好恶⑫，而民知禁。《诗》云：'赫赫师尹，民具尔瞻⑬。'"

注释：

①天之经：是说孝道是天之道。天空中日、月、星、辰，永远有规律地照临大地。孝道也是如此，乃是永恒的道理，不可变易的规律。经，常，指永恒不变的道理和规律。

②地之义：是说孝道又是地之道。大地化育万物，生生繁衍，山川原隰为人类提供丰饶的物产，皆有合乎道理的法则。孝道也是如此，乃是必须严格遵从的义务，是有利、有益的准则。义，利物为义。古文本"义"作"谊"。孔传："谊，宜也。"指应当遵循的道理和原则。董仲舒《春秋繁露·五行对》：河间献王问温城董君曰："《孝经》曰：'夫孝，天之经，地之义'，何谓也?"对曰："天有五行，木、火、土、金、水是也。木生火，火生土，土生金，金生水；水为冬，金为秋，土为季夏，火为夏，木为春。春主生，夏主养，秋主收，冬主藏。藏，冬之所成也。是故父之所长，其子养之；父之所养，其子成之。诸父所为，其子皆奉承而绪行之，不敢不致，如父之意，尽为人之道也。故五行者，五行也。由此观之，父授之，子受之，乃天之道也。故曰：'夫孝者，天之经也'，此之谓也。"王曰："善哉!天经既得闻之矣，愿闻地之义。"对曰："地出云为雨，起气为风。风雨者，地之所为，地不敢有其功名，必上之于天，命若从天气者。故曰'天风天雨'也，莫曰'地风地雨'也。勤劳在地，名一归于天，非至有义，其孰能行此?故下事上，如地事天也。可谓大忠矣。……此谓孝者'地之义'也。"这是董仲舒对"天之经，地之义"的理解。

③民之行：是说孝道是人之百行中最根本、最重要的品行。董鼎《孝经大义》云："人生天地之间，禀天地之性，如子之肖像父母也，得天之性而为慈爱，得地之性而为恭顺，慈爱恭顺，即所以为孝。"行，品行，行为。

④则：效法，作为准则。

⑤天之明：指天空中的日、月、星、辰。日、月、星、辰的运行更迭是有规律的，永恒的，这可以成为百姓效法的典范。

⑥地之利：指大地孳生万物，供给丰饶的物产。

⑦以顺天下：这里是说圣王把天道、地道、人道"三才"融会贯通，用以治理天下，天下自然人心顺从。顺，理顺，治理好。

⑧肃：指严厉的统治手段。

⑨教：这里指合乎天地之道、合乎人性人情的教育。化民：指用教育的办法感化百姓，使百姓服从统治。

⑩不争：指不为获得利益、好处而争斗、争抢。孔传："上为敬则下不慢，上好让则下不争，上之化下，犹风之靡草，故每辄以己率先之也。"

⑪礼：礼仪，指处理人际关系的准则及对社会行为的各种规范。乐：音乐。儒家认为，"乐者，天地之和也；礼者，天地之序也。和，故百物皆化；序，故群物皆别"（《史记·乐书》）。也就是说，"乐"使天地之间万物和谐，"礼"使天地之间万物尊卑高下皆有秩序；和谐使万物融洽共处，有秩序使万物各得其所，有所区别。儒家学者把"礼、乐"作为治理天下、教化人民的重要工具。

⑫好（hǎo）：善。恶（è）：不良行为，罪恶。邢昺疏云："故示有好必赏之令，以引喻之，使其慕而归善也；示有恶必罚之禁，以惩止之，使其惧而不为也。"好恶，或读为hàowù，亦可通。

⑬"赫赫"二句：语出《诗经·小雅·节南山》。赫赫，声威显扬、气派宏大的样子。师，指太师。太师、太傅、太保为周的三公，是周王朝的最高行政长官。尹，尹氏。尹，本是官职名，古人常常以官职名作为氏名，故称"尹氏"。尔，你。瞻，仰望。此处引用诗句，着重是用"民具尔瞻"的意思，古人引书经常有断章取义的情形。

曾子说："多么博大精深啊，孝道太伟大了！"孔子说："孝道，犹如天有它的规律一样，日、月、星、辰的更迭运行有着永恒不变的法则；犹如地有它的规律一样，山、川、湖、泽提供物产之利有着合乎道理的法则；孝道是人的一切品行中最根本的品行，是百姓必须遵循的道德，人间永恒不变的法则。天地严格地按照它的规律运动，百姓以它们为典范遵从孝道。效法天上的日、月、星、辰，遵循那不可变易的规律；凭借地上的山、川、湖、泽，获取赖以生存的便利，因势利导地治理天下。因此，对百姓的教化，不需要采用严厉的手段就能获得成功；对百姓的管理，不需要采用严厉的办法就能治理得好。先代的圣王看到通过教育可以感化百姓，所以亲自带头，实行博爱，于是，就没有人会遗弃自己的双亲；向百姓讲述德义，于是，百姓觉悟了，就会主动地起来实行德义。先代的圣王亲自带头，尊敬别人，谦恭让人，于是，百姓就不会互相争斗抢夺；制定了礼仪和音乐，引导和教育百姓，于是，百姓就能和睦相处；向百姓宣传什么是好的，什么是坏的，百姓能够辨别好坏，就不会违犯禁令。《诗》里说：'威严显赫的太师尹氏啊，百姓都在仰望着你啊！'"

孝　治

子曰："昔者明王之以孝治天下也，不敢遗小国之臣①，而况于公、侯、伯、子、男乎②？故得万国之欢心③，以事其先王④。治国者⑤，不敢侮于鳏寡⑥，而况于士民乎？故得百姓之欢心，以事其先君⑦。治家者⑧，不敢失于臣妾⑨，而况于妻子乎？故得人之欢心，以事其亲⑩。夫然，故生则亲安之⑪，祭则鬼享之⑫。是以天下和平，灾害不生，祸乱不作。故明王之以孝治天下也如此⑬。《诗》云："有觉德行，四国顺之⑭。'"

注释：

①小国之臣：指小国派来的使臣。小国之臣容易被疏忽怠慢，明王对他们都予以礼遇和关注，各国诸侯来朝见天子受到款待就无庸赘言了。

②公、侯、伯、子、男：周朝分封诸侯的五等爵位。《礼记·王制》："公、侯田方百里，伯七十里，子、男五十里。"相传周公摄政，为诸侯扩大封地，公方五百里，侯四百里，伯三百里，子二百里，男百里。除封邑有广狭之别外，诸侯的其他各种待遇，也依爵位高低有所不同。

③万国：指天下所有的诸侯国。万，极言其多，并非实数。

④先王：指"明王"，已去世的父祖。这是说各国诸侯都来参加祭祀先王的典礼，贡献祭品。按照周代的宗法制度，由嫡长子继承王位，只有他才能主持对先王的祭祀。其他弟兄分别封予各等爵位，成为诸侯。参加祭祀时，他们按关系亲疏及爵位高低来"助祭"。

⑤治国者：治理国家的君王，即诸侯。国，指诸侯的封地。

⑥鳏（guān）寡：《孟子·梁惠王下》："老而无妻曰鳏，老而无夫曰寡。"后代通常称丧妻者为鳏夫，丧夫者为寡妇。

⑦先君：指诸侯已故的父祖。这是说百姓们都来参加对先君的祭奠典礼。

⑧治家者：指卿、大夫。家，指卿、大夫受封的采邑。

⑨臣妾：指家内奴隶，男性奴隶曰臣，女性奴隶曰妾。也泛指卑贱者。

⑩以事其亲：这是说卿、大夫因为能得到妻子、儿女，乃至奴仆、妾婢的欢心，所以全家上下都协助他奉养双亲。天子与诸侯之位，都是父死子袭，因此，他们只能事"先王"、"先君"；而卿、大夫的职位不能父死子袭，因此，他们得以在双亲健在时侍奉双亲。亲，父母双亲。

147

⑪生则亲安之：生，活着的时候。安，安乐，安宁，安心。之，指双亲。《大戴礼记·曾子大孝》："养可能也，敬为难；敬可能也，安为难；安可能也，久为难；久可能也，卒为难。"可见曾子认为，实行孝道，其中以使父母长久地安乐及有一个完满的终结为最困难。

⑫鬼：指去世的父母的灵魂。《论衡·讥日》："鬼者，死人之精也。"《礼记·礼运》郑玄注："鬼者，精魂所归。"古人认为，人死后灵魂脱离躯体而存在，成为"鬼"。享：祭祀时要给死者供献酒食，让亡灵享用。

⑬如此：指"天下和平"等福应。孔传："行善则休征（吉祥的征兆）报之，行恶则咎征随之，皆行之致也。"这是说由于明王用孝道治理天下，有美德善行，因此才有这种种福应。

⑭"有觉"二句：语出《诗经·大雅·抑》。意思是，天子有伟大的德行，四方各国都顺从他的教化，服从他的统治。觉，大。四国，四方之国。

译文：

孔子说："从前，圣明的帝王以孝道治理天下，就连小国的使臣都待之以礼，不敢稍有疏忽，何况对公、侯、伯、子、男这样一些诸侯呢！所以，就得到了各国诸侯的爱戴和拥护，他们都帮助天子筹备祭典，参加祭祀先王的典礼。治理封国的诸侯，就连鳏夫和寡妇都待之以礼，不敢轻慢和欺侮，何况对士人和平民呢！所以，就得到了百姓们的爱戴和拥护，他们都帮助诸侯筹备祭典，参加祭祀先君的典礼。治理采邑的卿、大夫，就连奴婢僮仆都待之以礼，何况对妻子、儿女呢！所以，就得到大家的爱戴和拥护，大家都齐心协力地帮助主人，奉养他们的双亲。正因为这样，所以父母在世的时候，能够过着安乐宁静的生活；父母去世以后，灵魂能够安享祭奠。所以天下太平，没有风雨、水旱之类的天灾，也没有反叛、暴乱之类的人祸。圣明的帝王以孝道治理天下，就会出现这样的太平盛世。《诗》里说：'天子有伟大的道德和品行，四方之国无不仰慕归顺。'"

圣 治

曾子曰："敢问圣人之德①，无以加于孝乎?"子曰："天地之性②，人为贵。人之行，莫大于孝。孝莫大于严父，严父莫大于配天③，则周公其人也④。昔者，周公郊祀后稷以配天⑤，宗祀文王于明堂⑥，以配上帝。是以四海之内，各以其职来祭⑦。夫圣人之德，又何以加于孝乎?故亲生之膝下⑧，以养父母日严⑨。圣人因严以教敬⑩，因亲以教爱。圣人之教，不肃而成，其政不严而治，其所因者本也。父子之道，天性也，君臣之义也。父母生之，续莫大焉⑪。君亲临之，厚莫重焉⑫。故不爱其亲而爱他人者，谓之悖德⑬;不敬其亲而敬他人者，谓之悖礼。以顺则逆⑭，民无则焉⑮。不在于善，而皆在于凶德，虽得之，君子不贵也⑯。君子则不然，言思可道，行思可乐，德义可尊，作事可法，容止可观，进退可度，以临其民。是以其民畏而爱之，则而象之⑰。故能成其德教，而行其政令。《诗》云：'淑人君子，其仪不忒⑱。'"

注释:

①敢：谦词，有冒昧的意思。

②性：指性命，生灵，生物。敦煌遗书伯3382此句作"天地之性，人最为贵"。孔传："言天地之间，含气之类，人最其贵者也。"

③配天：根据周代礼制，每年冬至要在国都郊外祭天，并附带祭祀父祖先辈，这就叫做以父配天之礼。配，祭祀时在主要祭祀对象之外，附带祭祀其他对象，称为"配祀"或"配享"。

④则周公其人也：以父配天之礼，由周公始定。周公，姓姬，名旦，文王之

子，武王之弟，成王之叔。他协助武王灭商，武王死，成王年幼，他摄行王政，平定了管叔、蔡叔和商王之后武庚的叛乱，营建成周雒邑城池，制定礼乐典章制度。在成王长大后，他便归政于成王。后来，周公被儒家学者尊为圣人。

⑤郊祀：古代帝王每年冬至时在国都郊外建圜丘作为祭坛，祭祀天帝。后稷：名弃，为周人始祖。相传其母姜嫄行于郊野，脚踩巨人足迹，孕而生之，生后被弃于小巷、山林与冰上，皆得不死，遂收留养大。稷生性好农耕稼穑，帝尧命为农师，封于邰(今陕西武功境内)，号后稷。这里是说周公在制定郊祀礼仪时，规定了以始祖后稷配祀天帝。

⑥宗祀：即聚宗族而祭。宗，宗族。文王：姓姬名昌，商时为西伯，据说能行仁义，礼贤者，敬老慈少，从而使国家逐渐强大，为日后武王灭商奠定了基础。明堂：古代帝王布政及举行祭祀、朝会、庆赏、选士等典礼的地方。《大戴礼记·明堂》说，明堂是一座上圆下方的建筑，共九室，一室有四户(门)八牖(窗)，共三十六户、七十二牖，有天圆地方等许多象征的意义。上帝，旧说在明堂中祭天，要按季节祭祀五方上帝，即东方青帝，南方赤帝，西方白帝，北方黑帝，中央黄帝。这里是说周公制礼，规定了在明堂聚宗族祭祀上帝，以亡父文王配祀。

⑦职：职位。这是说海内诸侯，各按职位，进贡财物特产，趋走服务，帮助完成祭祀典礼。

⑧故亲生之膝下：这是说子女对父母的亲爱之心在幼年时期即自然天成。明人项霦《孝经述注》云："孩提之童，无不知爱其亲，自生育膝下，侍奉父母，渐长则严敬之心日加。"亲，亲爱父母之心。膝下，膝盖之下，喻年幼之时。

⑨日严：日益尊敬。

⑩因严以教敬：孔传："言其不失于人情也。其因有尊严父母之心，而教以爱敬，所以爱敬之道成，因本有自然之心也。"这是说圣人以人的自然天性中的尊父之心为基础，加以教育培养，使之升华为理性的"敬"。

⑪续：指承先传后。这是说父母生下儿子了，使儿子得以继承父母，如此连续不绝，这是人伦关系中最为重要的。

⑫君亲临之，厚莫重焉：是说父亲对儿子，具有国君与父亲双重意义的身份：既有君王的尊严，又有为父的亲情；既有君臣之义，又有天性之恩，在人伦关系中，厚重莫过于此。

⑬悖(bèi)德：违背常识的道理、道德。悖，违背，违反。刘炫《孝经述议》残卷："世人之道，必先亲后疏，重近轻远，不能爱敬其亲而能爱敬他人，自古以来恐无此。"

⑭以顺则逆：是"以之顺天下则逆"的省略，是说，如果用"悖德"和"悖礼"来教化百姓，治理天下，就会把一切都弄颠倒。

⑮民无则焉：百姓无所适从，没有可以效法的。

⑯不贵：即鄙视，厌恶。贵，重视，赞赏。

⑰"是以"二句：敬畏君王的威严，爱戴君王的美德，以君王为楷模，仿效他。

⑱"淑人"二句：语出《诗经·曹风·鸤鸠》。淑，美好，善良。仪，仪表，仪容。忒，差错。

译文：

曾子说："请允许我冒昧地提个问题，圣人的德行中，难道就没有比孝行更为重要的吗？"孔子说："天地之间的万物生灵，只有人最为尊贵。人的各种品行中，没有比孝行更加伟大的了。孝行之中，没有比尊敬父亲更加重要的了。对父亲的尊敬，没有比在祭天时以父祖先辈配祀更加重要的了。祭天时以父祖先辈配祀，始于周公。从前，成王年幼，周公摄政，周公在国都郊外圜丘上祭天时，以周族的始祖后稷配祀天帝；在聚族进行明堂祭祀时，以父亲文王配祀上帝。所以，四海之内各地的诸侯都恪尽职守，贡纳各地的特产，协助天子祭祀先王。圣人的德行，又还有哪一种能比孝行更为重要的呢!子女对父母的亲爱之心，产生于幼年时期；待到长大成人，奉养父母，便日益懂得了对父母的尊敬。圣人根据子女对父母尊崇的天性，引导他们敬父母；根据子女对父母亲近的天性，教导他们爱父母。圣人教化百姓，不需要采取严厉的手段就能获得成功；他对百姓的统治，不需要采用严厉的办法就能管理得很好。这正是由于他能根据人的本性，以孝道去引导百姓。父子之间的关系，体现了人类天生的本性，同时也体现了君臣关系的义理。父母生下儿子，使儿子得以上继祖宗，下续子孙，这就是父母对子女的最大恩情。父亲对于儿子，兼具君王和父亲的双重身份，既有为父的亲情，又有为君的尊严，父子关系的厚重，没有任何关系能够超过。如果做儿子的不爱自己的双亲而去爱其他什么别的人，这就叫做违背道德；如果做儿子的不尊敬自己的双亲而去尊敬其他什么别的人，这就叫做违背礼法。如果有人用违背道德和违背礼法去教化百姓，让百姓顺从，那就会是非颠倒；百姓将无所适从，不知道该效法什么。如果不能用善行带头行孝，教化天下，而用违背道德的手段统治天下，虽然也有可能一时得志，君子也鄙夷不屑，不会赞赏。君子就不是那样的，他们说话，要考虑说的话能得到百姓的支持，为百姓称道；他们做事，要考虑行为举动能使百姓高兴；他们的道德和品行，要考虑能受到百姓的尊敬；他们从事制作或建造，要考虑能成为百姓的典范；他们的仪态容貌，要考虑得到百姓的称赞；他们的动静进退，要考虑合乎规矩法度。如果君王能够像这样来统领百姓，管理百姓，那么百姓就会敬畏他，爱戴他；就会以他为榜样，仿效他，学习他。因此，就能够顺利地推行道德教育，使政令顺畅地得到贯彻执行。《诗》里说：'善人君子，最讲礼仪；容貌举止，毫无差池。'"

纪孝行

子曰："孝子之事亲也，居则致其敬①，养则致其乐②，病则致其忧③，丧则致其哀④，祭则致其严⑤，五者备矣，然后能事亲。事亲者，居上不骄，为下不乱，在丑不争⑥。居上而骄则亡，为下而乱则刑，在丑而争则兵。三者不除，虽日用三牲之养⑦，犹为不孝也⑧。"

注释：

①居：平日家居。致：尽。孔传："谓虔恭朝夕，尽其欢爱。"

②养：奉养，赡养。乐：欢乐。孔传："和颜说（悦）色，致养父母。"郑注："若进饮食之时，怡颜悦色。"

③致其忧：充分地表现出忧伤焦虑的心情。孔传："父母有疾，忧心惨悴，卜祷尝药，食从病者，衣冠不解，行不正履，所谓致其忧也。"郑注："若亲之有疾，则冠者不栉，怒不至詈，尽其忧谨之心。"明黄道周《孝经集传》："父母有疾，冠者不栉，行不翔，言不惰，琴瑟不御，食肉不至变味，饮酒不至变貌，笑不至矧，怒不至詈，疾止复故。"诸家注所举皆"致其忧"的表现，主要是子女不能有愤怒、高兴的神态，不能讲究服饰打扮，不能参加娱乐活动，不注重生活享受。

④丧：指父母去世，办理丧事的时候。孔传："亲既终没，思慕号咷，斩衰（穿着丧服）歠粥，卜兆祖葬，所谓致其哀也。"郑注："若亲丧亡，则攀号毁瘠（因悲哀而消瘦），终其哀情也。"

⑤祭则致其严：《礼记·祭义》说，祭祀时事死如生，"入室，僾然（微微）必有见乎其位；周还出户，肃然必有闻乎其容声；出户而听，忾然必有闻乎其叹息之声"。《玉藻》说："丧容累累（疲倦貌），色容颠颠（忧思貌），视容瞿瞿梅梅（恍惚不清貌），言容茧茧（声细气微貌）。"这些都是"致其严"的表现。

⑥在丑：指处于低贱地位的人。丑，众，卑贱之人。

⑦三牲：牛、羊、豕。旧俗一牛、一羊、一豕称为"太牢"，是最高等级的

宴会或祭祀的标准。说每天杀牛、羊、豕三牲来奉养父母，这是极而言之的说法。

⑧犹为不孝也：如果不能去除前面所说的三种行为："居上而骄"、"为下而乱"、"在丑而争"，那么都将造成生命危险，使父母忧虑担心，因此，这样的人就不能算作孝子。

译文：

孔子说："孝子奉事双亲，日常家居，要充分地表达出对父母的恭敬。供奉饮食，要充分地表达出照顾父母的快乐；父母生病时，要充分地表达出对父母健康的忧虑关切；父母去世时，要充分地表达出悲伤哀痛；祭祀的时候，要充分地表达出敬仰肃穆，这五个方面都能做齐全了，才算是能奉事双亲尽孝道。奉事双亲，身居高位，不骄傲恣肆；为人臣下，不犯上作乱；地位卑贱，不相互争斗。身居高位而骄傲恣肆，就会灭亡；为人臣下而犯上作乱，就会受到刑戮；地位卑贱而争斗不休，就会动用兵器，相互残杀。如果这三种行为不能去除，虽然天天用牛、羊、猪三牲美味佳肴奉养双亲，那也不能算是行孝啊！"

五　刑

子曰："五刑之属三千①，而罪莫大于不孝②。要君者无上③，非圣者无法④，非孝者无亲⑤，此大乱之道也⑥。"

注释：

①五刑之属三千：指应当处以五种刑罚的罪有三千条。《尚书·吕刑》说："墨罚之属千，劓罚之属千，剕罚之属五百，宫罚之属三百，大辟之属二百，五刑之属三千。"

②罪莫大于不孝：在应当处以五种刑罚的三千条罪行中，最严重的罪行是不孝。

③要（yāo）：以暴力要挟、威胁。无上：藐视君长，目无君长，即反对或侵凌君长。

④非：责难反对，不以为然。无法：藐视法纪，目无法纪，即反对或破坏法纪。

⑤无亲：藐视父母，目无父母，即对父母没有亲爱之心而为非作歹。

⑥此大乱之道也：孔传："此，'无上'、'无法'、'无亲'也，言其不耻、不仁、不畏、不谊（义），为大乱之本，不可不绝也。"

译文：

孔子说："应当处以墨、劓、刖、宫、大辟五种刑罚的罪有三千种，最严重的罪是不孝。以暴力威胁君王的人，叫做目无君王；非难、反对圣人的人，叫做目无法纪；非难、反对孝行的人，叫做目无父母。这三种人，是造成天下大乱的根源。"

广 要 道

子曰："教民亲爱，莫善于孝①。教民礼顺，莫善于悌②。移风易俗③，莫善于乐④。安上治民，莫善于礼⑤。礼者，敬而已矣。故敬其父，则子悦；敬其兄，则弟悦；敬其君，则臣悦；敬一人⑥，而千万人悦⑦。所敬者寡，而悦者众。此之谓要道矣。"

注释：

①"教民亲爱"二句：孔子认为，孝道就是热爱自己的双亲，由此进而推及热爱别人的双亲，天下人就能亲爱和睦。

②"教民礼顺"二句：悌，就是敬重并服从自己的兄长，由此进而推及敬重并服从所有的长上，人们之间就能有礼、讲理。

③移风易俗：改变旧的、不良的风俗习惯，树立新的、合乎礼教的风俗习惯。

④莫善于乐：儒家学者认为，音乐生于人情人性，通于伦理道德，因此，

君王可以利用音乐转移风气，引导百姓接受新的风俗习惯。《乐记·乐施》章："乐者，圣人之所乐也，而可以善民心，其感人深，其风移俗易，故先王著其教焉。"（《史记·乐书》）《白虎通·礼乐》："王者所以盛礼乐何？节文之喜怒，乐以象天，礼以法地，人无不含天地之气，有五常之性者，故乐所以荡涤，反其邪恶也；礼所以防淫佚，节其侈靡也。故《孝经》曰：安上治民，莫善于礼。移风易俗，莫善于乐。"

⑤莫善于礼：儒家学者认为，礼的作用是"正君臣父子之别，明男女长幼之序"，即维护社会固有的秩序和等级制度。《礼记·曲礼上》："道德仁义，非礼不成；教训正俗，非礼不备；分争辨讼，非礼不决；君臣上下、父子兄弟，非礼不定……"《礼运》说："是故礼者，君之大柄也……所以治政安君也。"

⑥一人：指父、兄、君，即受敬之人。

⑦千万人：指子、弟、臣。千万，只是举其大数而已。

译文：

孔子说："教育百姓相亲相爱，再没有比孝道更好的了；教育百姓讲礼貌，知顺从，再没有比悌道更好的了；要改变旧习俗，树立新风尚，再没有比音乐更好的了；使国家安定，百姓驯服，再没有比礼教更好的了。所谓礼教，归根结底就是一个'敬'字而已。因此，尊敬他的父亲，儿子就会高兴；尊敬他的哥哥，弟弟就会高兴；尊敬他的君王，臣子就会高兴。尊敬一个人，而千千万万的人感到高兴。所尊敬的虽然只是少数人，而感到高兴的却是许许多多的人，这就是把推行孝道称为'要道'的理由啊！"

孝里有道

广至德

子曰："君子之教以孝也，非家至而日见之也①。教以孝，所以敬天下之为人父者也②。教以悌，所以敬天下之为人兄者也。教以臣，所以敬天下之为人君者也③。《诗》云：'恺悌君子，民之父母④。'非至德，其孰能顺民⑤，如此其大者乎⑥！"

注释：

①家至：到家，即挨家挨户地走到。日见之：天天见面，指当面教人行孝。郑注："非门到户至而见之。"

②"教以孝"二句：君子以身作则行孝悌之道，为天下做人子的做了表率，使他们都知道敬重父兄。孔传："古之帝王，父事三老，兄事五更，君事皇尸，所以示子、弟、臣人之道也。""三老"、"五更"，是由德高望重的老人所担任的顾问职务，天子要以敬父之礼敬"三老"，以事兄之礼事"五更"，为天下做出孝悌的典范。

③"教以臣"二句：孔传说是天子在祭祀时，对"皇尸"行臣子之礼。皇，即先王。尸，是祭祀时由活人扮饰的受祭对象。天子通过祭祀行礼，做出尊敬君长、当好人臣的榜样。

④"恺悌"二句：语出《诗经·大雅·泂酌》。据说原诗是西周召康公为劝勉成王而作。恺悌，和乐安详，平易近人。

⑤孰：谁。

⑥如此其大者乎：本章在引《诗》句后，又有一句概括性的结语，刘炫《孝经述议》说："余章引《诗》，《诗》居章末，此于《诗》下复有此经者，《诗》美民之父母，以证君之能教耳，不得证至德之大。故进《诗》于上，别起叹辞，所以异于余章也。"（见《复原》）

译文：

孔子说："君子以孝道教化百姓，并不是要挨家挨户都走到，天天当面去教人行孝。以孝道教育百姓，使得天下做父亲的都能受到尊敬；

以悌道教育百姓，使得天下做兄长的都能受到尊敬；以臣道教育百姓，使得天下做君王的都能受到尊敬。《诗》里说：'和乐平易的君子，是百姓的父母。'如果没有至高无上的道德，有谁能够教化百姓，使得百姓顺从归化，创造这样伟大的事业啊！"

广扬名

子曰："君子之事亲孝，故忠可移于君①；事兄悌，故顺可移于长②；居家理，故治可移于官③。是以行成于内④，而名立于后世矣⑤。"

注释：

①"君子"二句：这是儒家学者"移孝作忠"的理论。孔传："能孝于亲，则必能忠于君矣。求忠臣必于孝子之门也。"明黄道周《孝经集传》说："所谓治国在齐其家者，其家不可教而能教人者无之，故君子不出家而成教于国。"

②"事兄"二句：孔传："善事其兄，则必能顺于长也。忠出于孝，顺出于弟。"

③"居家"二句：指家务、家政管理得好，就能把管理家政的经验移于做官，管理好国政。孔传："君子之于人……内察其治家，所以知其治官。"

④行：指孝、悌、善于理家三种优良的品行。内：家内。

⑤名立于后世：由于在家内养成了美好的品德，在外必能成为忠臣，成为驯顺可靠的部下，成为善于治理一方的行政官员，因而，就能扬名于后世。立，树立。这里指名声长远地流传。

译文：

孔子说："君子奉事父母能尽孝道，因此能够将对父母的孝心，移作奉事君王的忠心；奉事兄长知道服从，因此能够将对兄长的服从，移作奉事官长的顺从；管理家政有条有理，因此能够把理家的经验移于做

孝里有道

官，用于办理公务。所以，在家中养成了美好的品行道德，在外也必然会有美好的名声，美好的名声将流传百世。"

谏 诤

曾子曰："若夫慈爱、恭敬、安亲、扬名①，则闻命矣。敢问子从父之令，可谓孝乎？"子曰："是何言与②！是何言与！昔者，天子有争臣七人③，虽无道，不失其天下；诸侯有争臣五人④，虽无道，不失其国；大夫有争臣三人⑤，虽无道，不失其家；士有争友，则身不离于令名⑥；父有争子，则身不陷于不义。故当不义，则子不可以不争于父，臣不可以不争于君，故当不义则争之。从父之令，又焉得为孝乎！"

注释：

①若夫：句首语气词，用于引起下文。慈爱：指爱亲。慈，通常指上对下之爱，但也可指下对上之爱。刘炫《孝经述议》引《礼记·曲礼上》"不胜丧，乃比于不慈不孝"、《庄子·渔父》"事亲则慈孝，事君则忠贞"等，说："此等诸文，慈皆发于父母，则慈爱亦施上，非独以接下也。"（见《复原》）阮福《孝经义疏补》也说："子孝亲亦曰慈，慈爱即孝爱也。王引之《经义述闻》历引《孟子》'孝子慈孙'、《齐语》'慈孝于父母'、《谥法解》'慈惠爱亲曰孝'以证之，是也。"

②与：通"欤"（yú），句末语气词，表感叹或疑问语气。

③天子有争臣七人：旧注说，天子的辅政大臣有三公、四辅，合在一起是七人。"三公"是太师、太傅、太保。"四辅"是前曰疑、后曰丞、左曰辅、右曰弼。争臣，敢于直言规劝的大臣。

④诸侯有争臣五人：诸侯的辅政大臣五人，或说是三卿及内史、外史，合计

五人。孔传说，五人是天子所任命的孤卿（天子派去辅佐诸侯的师、傅一类的官员）、三卿（指司马、司空、司徒）与上大夫。

⑤大夫有争臣三人：大夫的家臣，主要有三人。孔传说，三人是家相（管家）、室老（家臣之长）、侧室（家臣）。王肃说，"三人"无侧室，而有邑宰（见邢疏）。刘炫《孝经述议》说，以上"七、五、三"，都不是实数，"以其位高者易怠，务广者难周，贵者谏宜多，贱者谏宜少，父有争子，士有争友，子、友虽无定数，要以一人为率，即自下而上，稍增以二，从上而下，则如礼之隆杀，故举七、五、三耳，非立七、五、三官，使主谏诤"（见《复原》。"一人为率"，《复原》"率"误为"主"，据邢疏改）。

⑥令名：好名声。令，善，美好。

译文：

曾子说："诸如爱亲、敬亲、安亲、扬名于后世等等，已听过了老师的教诲。现在我想请教的是，做儿子的能够听从父亲的命令，这可不可以称为孝呢？"孔子说："这算是什么话呢！这算是什么话呢！从前，天子身边有敢于直言劝谏的大臣七人，天子虽然无道，还不至于失去天下；诸侯身边有敢于直言劝谏的大臣五人，诸侯虽然无道，还不至于亡国；大夫身边有敢于直言劝谏的家臣三人，大夫虽然无道，还不至于丢掉封邑；士身边有敢于直言劝谏的朋友，那么他就能保持美好的名声；父亲身边有敢于直言劝谏的儿子，那么他就不会陷入错误之中，干出不义的事情。所以，如果父亲有不义的行为，做儿子的不能不去劝谏，如果君王有不义的行为，做大臣的不能不去劝谏，面对不义的行为，一定要劝谏。做儿子的完全听从父亲的命令，又哪里能算得上是孝呢！"

感 应

子曰："昔者，明王事父孝，故事天明①；事母孝，故事地察②；长幼顺，故上下治。天地明察，神明彰矣③。故虽天子，必有尊也，言有父也④；必有先也，言有兄也⑤。宗庙致敬，不忘亲也。修身慎行，恐辱先也。宗庙致敬，鬼神著矣⑥。孝悌之至，通于神明，光于四海⑦，无所不通。《诗》云：'自西自东，自南自北，无思不服⑧。'"

注释：

①"明王"二句：明王能够孝事父亲，也就能够虔敬地奉事天帝，祭祀天帝，天帝能够感受，能够明了孝子的敬爱之心。孔传："孝，谓立宗庙，丰祭祀也。"

②"事母孝"二句：明王能够孝事母亲，也就能够虔敬地奉事地神，祭祀地神，地神能够感受，能够清楚孝子的敬爱之心。

③"天地"二句：明王能明察天之道，明晓地之理，以孝事父母之心事天地，天地之神也就能明察明王的孝心，充分地显现神灵，降下福佑。神明，指天地神灵。彰，显著，明显。

④"故虽"三句：天子虽然地位尊贵，但是必定还有尊于他的人，那就是他的父辈。郑注："虽贵为天子，必有所尊，事之若父，即三老是也。"唐玄宗注："父谓诸父。"孔传说，父是死去的父亲。参见下注。

⑤"必有"二句：天子肯定还有长于他的人，那就是他的兄辈。郑注："必有所先，事之若兄，即五更是也。"唐玄宗注："兄谓诸兄。"

⑥著：一说音zhù，昭著之意，指神灵显著彰明。一说音zhuó，就位、附着之意。指鬼魂归附宗庙，不为凶厉，从而佑护后人。

⑦光：通"横"，充满，塞满。《礼记·祭义》："夫孝，置之而塞于天地，溥之而横乎四海。"《尚书·尧典》："光被四表。"《汉书》引作"横被四表"。

⑧"自西"三句：语出《诗经·大雅·文王有声》。原诗歌颂周文王和武王显赫的武功。自西自东，自南自北，指包括了东西南北的四面八方。思，语气词。关于方位的顺序，邢疏引皇侃说云："自言西者，此是周诗，谓化从西起，所以文王为西伯，又为西邻，自西而东灭纣。"《礼记·祭义》："曾子曰：夫孝，置之而塞乎天地，溥之而横乎四海，施诸后世而无朝夕，推而放诸东海而准，推而放诸西海而准，推而放诸南海而准，推而放诸北海而准。《诗》云：'自西自东，自南自北，无思不服。'此之谓也。"颇疑后人据曾子放诸四海——东西南北顺序而改《诗经》。又，敦煌遗书伯3428等今文本也有作"自东自西"顺序的。

译文：

孔子说："从前，圣明的天子，他非常孝顺父亲，所以也能虔敬地奉祀天帝，而天帝也能明了他的孝敬之心；他非常孝顺母亲，所以也能虔敬地对待地神，而地神也能洞察他的孝敬之心；他能够使长辈与晚辈融洽和睦，所以上上下下太平无事。天地之神明察天子的孝行，就会显现神灵，降下福佑。虽然天子地位尊贵，但是必定还有比他尊贵的人，那就是他的父辈；必定还有比他年长的人，那就是他的兄辈。在宗庙举行祭祀，充分地表达对先祖的崇高敬意，这是表示永不忘记先人的恩情。重视修养道德，行为谨慎小心，这是害怕自己出现过错，玷辱先祖的荣誉。在宗庙祭祀时充分地表达出对先人的至诚的敬意，先祖的灵魂就会来到庙堂，享用祭奠，显灵赐福。真正能够把孝敬父母、顺从兄长之道做得尽善尽美，就会感动天地之神；这伟大的孝道，将充塞于天下，磅礴于四海，没有任何一个地方它不能达到，没有任何一个问题它不能解决。《诗》里说：'从西、从东、从南、从北，东南西北，四面八方，所有人都乐意归顺、服从！'"

事　君

子曰："君子之事上也，进思尽忠①，退思补过②，将顺其美③，匡救其恶，故上下能相亲也④。《诗》云：'心乎爱矣，遐不谓矣。中心藏之，何日忘之⑤？'"

注释：

①进：上朝见君。孔传："进见于君，则必竭其忠贞之节，以图国事，直道正辞，有犯无隐。"

②退：下朝回家。孔传："退还所职，思其事宜，献可替否，以补主过。"刘炫《孝经述议》说："炫以为尽己之忠，无事不尔，非独进见于君方始尽也；补君之过，每处皆然，非独退还其职始思补也。""施之于君则称进，内省其身则称退。尽忠者，尽己之心，以进献于君；补过者，修己心以补君失。故以尽忠为进，补过为退耳，非谓进见与退还也。"（见《复原》）按，"进"、"退"对举，是一种修辞手段，不能过于死板生硬地理解它们的意义。

③将顺其美：这里是说，君王的政令、政教是正确的、完善的，那么就顺从地去执行。将，执行，实行。

④上下能相亲也：概括而言，臣能效忠于君，君能以礼待臣，君臣同心同德，就能相亲相爱。孔传："道（导）主以先王之行，拯主于无过之地，君臣并受其福，上下交和，所谓相亲。"

⑤"心乎"四句：语出《诗经·小雅·隰桑》。原诗相传是一首怀念有德行的君子的作品。这几句诗说，尽管心中热爱他，却因为相隔得太远，无法告诉他；只好把热爱之情藏在心中，不论何日何时都不会忘记。遐，远。

译文：

孔子说："君子奉事君王，在朝廷之中，尽忠竭力，谋划国事；回到家里，考虑补救君王的过失。君王的政令是正确的，就遵照执行，坚决服从；君王的行为有了过错，就设法制止，加以纠正。君臣之间同心同德，所以，上上下下能够相亲相爱。《诗》里说：'心中洋溢着热爱之情，相距太远不能倾诉。心间珍藏，心底深藏，无论何时，永远不忘！'"

丧　亲

子曰：孝子之丧亲也，哭不偯①，礼无容②，言不文③，服美不安④，闻乐不乐⑤，食旨不甘⑥，此哀戚之情也⑦。三日而食，教民无以死伤生⑧。毁不灭性⑨，此圣人之政也。丧不过三年⑩，示民有终也⑪。为之棺、椁、衣、衾而举之⑫；陈其簠、簋而哀戚之⑬；擗踊哭泣⑭，哀以送之⑮；卜其宅兆⑯，而安措之⑰；为之宗庙，以鬼享之⑱；春秋祭祀，以时思之。生事爱敬，死事哀戚，生民之本尽矣⑲，死生之义备矣⑳，孝子之事亲终矣。

注释：

①不偯（yǐ）：是指哭的时候，哭声随气息用尽而自然停止，不能有拖腔拖调，使得尾声曲折、绵长。偯，哭的尾声迤逦委曲。按，据《礼记·间传》，哭丧者应按照与死者关系的亲疏远近，穿着斩衰等五种不同的丧服，也有不同的表现和哭法，"斩衰之哭，若往而不反；齐衰之哭，若往而反；大功之哭，三曲而偯；小功、缌麻，哀容而已"。父母之丧，孝子服斩衰，哭的时候应"若往而不反"。孔颖达疏云："斩衰之哭，一举而至气绝，如似气往而不却反声也。"

②礼无容：这是说丧亲时，孝子的行为举止不讲究仪容姿态。唐玄宗注云："触地无容。"指孝子稽颡（把额头贴近地面停留一些时间）行礼时，不讲究仪容姿态。《礼记·问丧》："稽颡触地无容，哀之至也。"容，仪态容貌。

③言不文：这是说丧亲时，孝子说话不应词藻华美，文饰其辞。文，指文辞方面的修饰，有文采。

④服美不安：孝子丧亲，穿着华美的衣裳会于心不安，因此，丧礼规定孝子要穿缞麻。服美，穿着漂亮、艳丽的衣裳。

⑤闻乐不乐：由于心中悲哀，孝子听到音乐也并不感到快乐。所以，丧礼规定，孝子在服丧期内不得演奏或欣赏音乐。前一"乐"字指音乐，后一"乐"字指快乐。

⑥食旨不甘：这是说即使有美味的食物，孝子因为哀痛也不会觉得好吃。《礼记·间传》说："故父母之丧，既殡食粥"，"既虞(下葬后)卒哭，疏食水饮，不食菜果；期(满一周年)而小祥，食菜果；又期(又满一周年)而大祥，有醯酱；中月(服丧期满之月)而禫(除去丧服前的祭祀)，禫而饮醴酒。始饮酒者，先饮醴酒；始食肉者，先食干肉。"丧礼规定，服丧期间是不能吃美味食物的。旨，美味。甘，觉得好吃。

⑦哀戚：忧愁，悲哀。

⑧"三日"二句：《礼记·间传》："斩衰三日不食。"丧礼规定，孝子三天之内不进食，三天之后即进粥食。如果悲哀过度，因为长久不吃饭而伤害了身体，也与孝道不合。

⑨毁不灭性：虽因哀痛而消瘦，但是不能瘦到露出骨头。毁，因悲哀而损坏身体健康。《礼记·曲礼上》："居丧之礼，毁瘠不形。"性，命。

⑩丧不过三年：孝子为父母之死服丧三年。《礼记·三年问》："三年之丧，二十五月而毕。""孔子曰：'子生三年，然后免于父母之怀，夫三年之丧，天下之达丧也。'"三年之丧，实际上是二十五个月。服丧期间，孝子单独居住在服舍(服丧的庐舍)内，不能参加政治、文化和娱乐活动。

⑪示民有终也：唐玄宗注："圣人以三年为制者，使人知有终竟之限也。"终，指礼制上的终结。对于父母之丧，孝子虽有终身之忧，但丧礼是有终结的。

⑫棺、椁(guǒ)：古代棺木有两重，里面的一套叫棺，外面的一套叫椁。

衣：指敛尸之衣。衾：指给死者铺、盖的被褥。据礼书，死者的地位身份高低尊卑不同，衣、衾的多寡也不同，棺、椁的厚薄、数量也不同。《礼记·檀弓上》："葬也者，藏也。藏也者，欲人之弗得见也。是故衣足以饰身，棺周于衣，椁周于棺，土周于椁。"

⑬陈其簠（fǔ）、簋（guǐ）而哀戚之：丧礼规定，从父母去世，到出殡入葬，死者的身旁都要供奉食物，用簠、簋、鼎、笾、豆等器具盛放，此处只举"簠、簋"为代表。簠、簋，古代盛放食物的两种器皿。

⑭擗（pǐ）踊哭泣：擗，捶胸。踊，顿足。孔传："搥心曰擗，跳曰踊，所以泄哀也。男踊女擗，哀以送之。"《礼记·问丧》："动尸举柩，哭踊无数。恻怛之心，痛疾之意，悲哀志懑气盛，故祖而踊之，所以动体安心下气也。妇人不宜祖，故发胸，击心，爵踊，殷殷田田，如坏墙然，悲哀痛疾之至也。故曰：'擗踊哭泣，哀以送之。'"

⑮送：指出殡、送葬。《礼记·问丧》："送形而往，迎精而反也。"把遗体送往墓地，把精魂迎回宗庙。

⑯卜其宅兆：孔传："卜其葬地，定其宅兆。兆为茔域，宅为穴。……卜葬地者，孝子重慎，恐其下有伏石漏水，后为市朝，远防之也。"《仪礼·士丧礼》记载有"筮宅"的礼仪，命辞说："哀子某，为其父某甫筮宅，度兹幽宅，兆基无有后艰。"然后由筮者算出卦来，观看吉凶。占卦的目的主要是为了防止日后墓地发生变故，干扰死者。卜，占卜，指用占卜的办法选择墓地。宅，墓穴。兆，坟园，陵园。

⑰安措：安置，指将棺椁安放到墓穴中去。措，或作"厝"，二字可通。

⑱"为之"二句：《礼记·问丧》记载，父母安葬后，"祭之宗庙，以鬼飨（通"享"）之，微幸复反也"。这是将死者的魂神迎回宗庙的祭祀，称之为"虞祭"。邢疏说："既葬之后，则为宗庙，以鬼神之礼享之。"孔传说，"为之宗

庙，以鬼享之"，是指服丧三年期满后，"立其宗庙，用鬼礼享祀之也"。

⑲生民之本尽矣：这是说，能够做好上述事情，百姓就算是尽到了根本的责任，尽到了孝道。孔传："谓立身之道，尽于孝经之谊也。"生民，百姓。本，根本，指孝道。

⑳死生之义：指父母生前奉养父母，父母死后安葬、祭祀父母的义务。孔传："事死事生之谊备于是也。"

译文：

孔子说：孝子的父母亡故了，哀痛而哭，哭得像是要断了气，不要让哭声拖腔拖调，绵延曲折；行动举止，不再讲究仪态容貌，彬彬有礼；言辞谈吐，不再考虑词藻文采；要是穿漂亮艳丽的衣裳，会感到心中不安，因此要穿上粗麻布制作的丧服；要是听到音乐，也不会感到愉悦快乐，因此不参加任何娱乐活动；即使有美味的食物，也不会觉得可口惬意，因此不吃任何佳肴珍馐；这都是表达对父母的悲痛哀伤的感情啊！丧礼规定，父母死后三天，孝子应当开始吃饭，这是教导人们不要因为哀悼死者而伤害了生者的健康，尽管哀伤会使孝子消瘦羸弱，但是绝不能危及孝子的性命，这就是圣人的政教。为父母服丧，不超过三年，这是为了使百姓知道丧事是有终结的。父母去世之后，准备好棺、椁、衣裳、被褥，将遗体装敛好；陈设好簋、簋等器具，盛放上供献的食物，寄托哀愁与忧思；捶胸顿足，嚎啕大哭，悲痛万分地出殡送葬；占卜选择好墓穴和陵园，妥善地加以安葬；设立宗庙，让亡灵有所归依，供奉食物，让亡灵享用；春、夏、秋、冬，按照时令举行祭祀，表达哀思，追念父母。父母活着的时候，以爱敬之心奉养父母；父母去世之后，以哀痛之情料理后事，能够做到这些，人就算尽到了孝道，完成了父母生前与死后应尽的义务，孝子奉事父母，到这里就算是结束了。

　　《孝里有道》一书现在与读者见面了，在此之际，我要表达一下我对相关亲友的感激之情。

　　首先得感谢我北京四中的同仁、历史特级教师赵利剑兄，是他向《百家讲坛》栏目推荐的我，否则我完全可能不会有这个机会。

　　还要特别感谢以聂丛丛女士为首的《百家讲坛》栏目策划团队，没有聂丛丛女士的决策，没有兰培胜兄不厌其烦地对讲稿的反复推敲，《中华孝道》（即《孝里有道》）的录制不可能顺利完成。

　　还要感谢中华书局大众图书分社的宋志军社长、编审陈虎兄，没有他们高强度的工作，负责任的编辑、校对，书稿是不会以这样的质量并这么快与读者见面的。

　　还要感谢在我录制节目期间，我的岳母刘艳茹女士以及我的父母朱吉原、张丽梅和妻子任雪菲给我的大力支持和鼓励。

　　要感谢的人还有很多，我只能在今后的实践中通过不断完善提高自己的研究、教学水平，努力报答大家了。

朱翔非

2011年1月27日凌晨

于北京望京寓所